大数据基础
——走进大数据

主　编　王爱红　吴　健

副主编　汪　洪　王道乾　周叙国

朱尚斌　陈　勇　王正迅

U0198787

电子工业出版社

Publishing House of Electronics Industry

北京·BEIJING

内容简介

本书从贵州省大数据发展现状及相关技术入手，利用管理、商业、金融、工业、生态等多维度案例阐述大数据创造价值的过程和方式，融合大数据、物联网、分布式系统、云计算、人工智能与区块链等最新技术，总结大数据相关思维和数据安全问题，结合贵州省发展新的增长点展望大数据的未来趋势。

本书既可作为职业教育教材，也可作为从事大数据相关工作的初学者和企业的入门的培训教材。

图书在版编目（CIP）数据

大数据基础：走进大数据 / 王爱红，吴健主编. —北京：电子工业出版社，2019.7

ISBN 978-7-121-37048-9

Ⅰ．①大… Ⅱ．①王… ②吴… Ⅲ．①数据处理—职业教育—教材 Ⅳ．①TP274

中国版本图书馆 CIP 数据核字（2019）第 140114 号

责任编辑：罗美娜　　文字编辑：郑小燕
印　　刷：三河市华成印务有限公司
装　　订：三河市华成印务有限公司
出版发行：电子工业出版社
　　　　　北京市海淀区万寿路 173 信箱　邮编　100036
开　　本：787×1 092　1/16　印张：12　字数：307.2 千字
版　　次：2019 年 7 月第 1 版
印　　次：2024 年 12 月第 13 次印刷
定　　价：40.00 元

凡所购买电子工业出版社图书有缺损问题，请向购买书店调换。若书店售缺，请与本社发行部联系，联系及邮购电话：（010）88254888，88258888。

质量投诉请发邮件至 zlts@phei.com.cn，盗版侵权举报请发邮件至 dbqq@phei.com.cn。

本书咨询联系方式：（010）88254617，luomn@phei.com.cn。

2012 年以来，大数据（big data）一词越来越多地被人们提及，人们用它来描述和定义信息爆炸时代产生的海量数据，并命名与之相关的技术发展与创新。

在现今的社会，大数据的应用越来越彰显其优势，它占领的领域也越来越大，汽车无人驾驶、智慧农业、生态监测、互联网金融……大数据几乎无孔不入，并改变着生活的方方面面，各种利用大数据进行发展的领域正在协助企业不断地发展新业务、创新运营模式。正如知名咨询公司麦肯锡所预测的那样："大数据已经渗透到当今每一个行业和业务职能领域，成为重要的生产因素。"一方面，人们通过收集、存储并分析用户数据，得出信息间的关联性，用于归纳并预测，进而制定精准决策；另一方面，与大数据相关的产品和服务层出不穷，并为各领域应用大数据提供工具和解决方案。

对于政府来说，在数据占有方面政府无疑具有天然的优势。例如，有专门的统计部门、管理机构进行相关工作；有人口普查、经济普查一类工作；日常工作中也积累了大量与社会经济生活息息相关的数据。那些沉睡在档案袋、文件夹中的数据，有着无比巨大的价值，能产生惊人的效用。如何让数据活动起来以帮助政府深度挖掘与民生相关的数据信息，从而创新管理能力，提升为人民服务水平是当前一项重要的工作，是政府面临的重要工作。

对于企业来说，大数据能够明显提升企业数据的准确性和及时性；此外，还能够降低企业之间交易的摩擦成本；更为关键的是，可以利用大数据帮助企业分析大量数据，从而进一步挖掘细分市场的机会，缩短企业产品研发时间，提升企业在商业模式、产品和服务上的创新力，提升企业的商业决策水平，降低企业经营的风险。

2016 年 5 月 25 日，李克强总理在贵阳出席中国大数据产业峰会暨中国电子商务创新发展峰会时指出："大数据等新一代互联网技术深刻改变了世界，也让各国站在科技革命的同一起跑线上。中国曾屡次与世界科技革命失之交臂，今天要把握这一历史机遇，抢占先机，赢得未来。"

在"数据立省"的战略下，贵州省不断探索数据经济新模式，"数据之都"已经成为贵州省的新名片。打造这张金名片，靠的是贵州省国际数博会及前后的项目落地。在贵州省，大数据应用多集中在政府主导的公益领域，如精准扶贫、灾难预警、公共交通等。随着云上贵州、贵州交通云、环保云、食品安全云等云平台建成及投运，贵州省政府为老百姓和企业提供了更加精准化和个性化的服务，初步实现了"数据多跑路，百姓少跑腿"，有效提升了政府的公共服务能力。

为了让更多人零距离认识大数据，本书全面阐述了大数据的特征、最新行业应用、处理技术、数据安全及大数据的机遇等内容，使读者学会让"数据开口"，并培养其对大数据的洞察和分析能力。

前　言

　　随着时代的发展，大数据越来越受到政府机关、企业界和学术界的广泛关注和高度重视，被誉为"未来的新石油"。大数据之中的"大"，不仅在于其"大容量"，更在于其可以创造"大价值"，并已成为除人力、土地、财务、技术之外的另一种重要的基础资源。简单地讲，通过对各种存储介质中的海量信息的采集、存储、分析、整合、控制而得到的数据就是大数据。大数据技术的意义不仅在于掌握庞大的数据信息，而且还在于对这些数据进行专业化处理，通过"加工"实现数据的"增值"，从而更好地辅助决策。

　　2018 年初，253 所高校获批大数据相关专业，其中，获批"数据科学与大数据技术"专业的有 248 所，获批"大数据管理与应用"专业的有 5 所。这些专业的设立旨在培养具有大数据思维、运用大数据思维及分析应用技术的高层次大数据人才。本书的编写目的是为了培养服务于贵州省的大数据发展的相关人才。

　　希望读者通过阅读本书，能够初步掌握大数据的基本应用价值和关键技术。本书在管理、工业、金融、生态等多维度列举案例讲解大数据的应用，并通过实例讲解大数据融合人工智能、区块链、物联网等最新的技术。

　　全书分为三篇共 15 章，第一篇包括第 1～2 章，从贵州省现状入手带领读者初识大数据；第二篇包括第 3～7 章，以丰富的案例带领读者了解大数据；第三篇包括第 8～15 章，融合当下最新工业技术，带领读者应用大数据，总结大数据思维，探究数据安全问题。本书每个章节都配有相应的思考题，可使读者巩固所学知识。

　　参与本书编写的有王爱红、吴健、汪洪、王道乾、周叙国、朱尚斌、陈勇、王正迅、杨文、杨先立、蒋红、胡玲芳、柴作良、方伟。本书案例大多来自公开的相关技术成果和技术报道，在此对各位作者表示感谢。

　　希望本书对相关领域的研究者有一定的帮助。由于作者水平有限，书中难免有疏漏及错误之处，恳请读者提出宝贵意见。

目　录

第三篇　数据技术浅析,运用大数据

第一篇

数据引领时代，初识大数据

第1章 数据时代，从我开始

人类社会正步入一个被互联网和通信技术引爆的大数据时代。所谓大数据，是在计算机存储能力、计算能力、计算技术、计算速度大幅增长的基础上，对海量数据复杂处理的产物。大数据常常被定义为海量数据"需要新处理模式"才能发挥巨大价值，这也正说明其是计算机技术高速发展的产物。

1.1 从韩信点兵说起

有句歇后语"韩信点兵——多多益善"想必很多人都知道，然而，很多人大概不明白其中缘由。为什么会有"韩信点兵——多多益善"的说法？

韩信点兵又称为剩余定理。

相传汉高祖刘邦问大将军韩信统御兵士多少人，韩信答说，每3人一列余1人、5人一列余2人、7人一列余4人、13人一列余6人……刘邦茫然而不知其数。

我们先考虑下列问题：假设兵士不满一万，每5人一列、9人一列、13人一列、17人一列都剩3人，则兵士有多少？首先，求出5、9、13、17之最小公倍数为9945（注：因为5、9、13、17为两两互质的整数，故其最小公倍数为这些数的积），然后再加3，得9948人。

从韩信点兵中初步认识到数据处理的手段，这是古代兵家中初次涉及大数据的理念。

1. 搜狗热词里的商机

小王是某综合类网站的编辑，基于访问量的考核是他每天都要面对的事情。但在每年的评比中，他都被评为 PV 王。原来他的秘诀就是只做热点新闻。小王养成了看百度公司搜索风云榜和搜狗热搜榜的习惯，他会优先挑选热搜榜上的新闻事件来编辑整理，所以关注的人自然多。

搜狗拥有输入法、搜索引擎，那些在输入法和搜索引擎上反复出现的热词，就是搜狗热搜榜的来源。通过对海量词汇的对比，找出网民关注的热点，这就是大数据的应用。

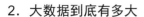

2．大数据到底有多大

常见的数据单位有 bit（比特）、Byte（字节）、KB（千字节）、MB（兆字节）、GB（吉字节）。GB 以上还有 TB、PB、EB、ZB、YB、DB、NB。

这些单位的进率是 1024（2 的十次方）：

1Byte=8bit

1KB=1024Bytes

1MB=1024KB

1GB=1024MB

1TB=1024GB

1PB=1024TB

1EB=1024PB

1ZB=1024EB

1YB=1024ZB

1DB=1024YB

1NB=1024DB

直观来看，1NB 等于多少 Byte？

1NB =1267650600228229401496703205376 Bytes

更直观来看，如果 1PB 的数据打印在 A4 纸上，会有 3000 亿张，将这些纸堆起来会有 3 万千米高，接近一颗小型卫星距地球的距离。可以说现代文明制造的数据量是越来越大，且成指数增长。那么 PB 之后数据的大小规模可想而知，已经不是简单的计算和处理可以实现。

3．大数据的定义

什么是大数据，迄今仍然并没有公认的定义。

目前，大数据受到政府机关、工业界和学术界的广泛关注和高度重视。美国政府将大数据比喻为"未来的新石油"，一个国家拥有的数据规模和运用数据的能力将成为一个国家综合实力的象征，对数据的占有和控制将深刻影响时代的发展。大数据具有着巨大的商业价值潜力，其表现出的数据整合与控制力量远远超过以往任何时代。

1）维基百科的定义

大数据又称为海量数据，是指所涉及的数据量规模巨大到无法通过人工或者计算机，在合理时间内达到截取、管理、处理、并整理成为人类所能解读的形式的信息。

2）研究机构 Gartner 的定义

大数据是无法在一定时间范围内用常规软件工具进行捕捉、管理和处理的数据集合，是需要新处理模式才能具有更强的决策力、洞察发现力和流程优化能力的海量、高增长率和多样化的信息资产。

3）麦肯锡全球研究所的定义

大数据是一种规模大到在获取、存储、管理、分析方面大大超出了传统数据库软件工具能力范围的数据集合，具有海量的数据规模、快速的数据流转、多样的数据类型和价值密度低四大特征。

4．大数据产生历程

2005 年 Hadoop 项目诞生。Hadoop 其最初只是雅虎公司用来解决网页搜索问题的一个项目，后来因其技术的高效性，被 Apache Software Foundation 公司引入并成为开源应用。Hadoop 本身不是一个产品，而是由多个软件产品组成的一个生态系统，这些软件产品共同实现全面功能和灵活的大数据分析。从技术上看，Hadoop 由两项关键服务构成：采用 Hadoop 分布式文件系统（HDFS）的可靠数据存储服务，以及利用一种叫做 MapReduce 技术的高性能并行数据处理服务。这两项服务的共同目标是，提供一个使结构化和复杂数据的快速、可靠分析变为现实的基础。

2008 年末，"大数据"得到部分美国知名计算机科学研究人员的认可，计算社区联盟（Computing Community Consortium）发表了一份有影响力的白皮书《大数据计算：在商务、科学和社会领域创建革命性突破》。它使人们的思维不仅局限于数据处理的机器，并提出：大数据真正重要的是新用途和新见解，而非数据本身。此组织可以说是最早提出大数据概念的机构。

2009 年印度政府建立了用于身份识别管理的生物识别数据库，联合国"地球脉动"计划已研究了对如何利用手机和社交网站的数据源来分析预测从螺旋体病到疾病爆发的问题。

2009 年，美国政府通过启动 Data.gov 网站的方式进一步开放了数据的大门，这个网站向公众提供各种各样的政府数据。该网站有超过 4.45 万条数据集被用于保证一些网站和智能手机应用程序来跟踪航班、产品召回及特定区域内失业率等信息，这一行动激发了从肯尼亚到英国范围内的政府们相继推出类似举措。

2009 年，欧洲一些领先的研究型图书馆和科技信息研究机构建立了伙伴关系致力于改

善在互联网上获取科学数据的简易性。

2010 年 2 月，肯尼斯·库克尔在《经济学人》上发表了长达 14 页的大数据专题报告《数据，无所不在的数据》。库克尔在报告中提到："世界上有着无法想象的巨量数字信息，并以极快的速度增长。"从经济界到科学界、从政府部门到艺术领域，很多方面都已经感受到了这种海量信息的影响。科学家和计算机工程师已经为这个现象创造了一个新词汇——大数据。库克尔也因此成为最早洞见大数据时代趋势的数据科学家之一。

2011 年 2 月，IBM 的沃森超级计算机每秒可扫描并分析 4TB（约 2 亿页文字量）的数据量，并在美国著名智力竞赛电视节目"危险边缘"（Jeopardy）上击败两名人类选手而夺冠。后来纽约时报认为这一刻是"大数据计算的胜利"。

2011 年 5 月，全球知名咨询公司麦肯锡全球研究院（MGI）发布了一份报告——《大数据：创新、竞争和生产力的下一个新领域》，自此大数据开始备受关注，这也是专业机构第一次全方面的介绍和展望大数据。报告指出，大数据已经渗透到当今每一个行业和业务职能领域，成为重要的生产因素。人们对于海量数据的挖掘和运用，预示着新一波生产率增长和消费者盈余浪潮的到来。报告还提到，"大数据"源于数据生产和收集的能力和速度的大幅提升——由于越来越多的人、设备和传感器通过数字网络连接起来，产生、传送、分享和访问数据的能力也得到彻底变革。

2011 年 12 月，工业和信息化部发布的《物联网"十二五"发展规划》中，把信息处理技术作为四项关键技术创新工程之一被提出来，其中包括了海量数据存储、数据挖掘、图像视频智能分析，这都是大数据的重要组成部分。

2012 年 1 月，在瑞士达沃斯召开的世界经济论坛上，大数据是主题之一，会上发布的报告《大数据，大影响》（Big Data，Big Impact）宣称，数据已经成为一种新的经济资产类别，就像货币或黄金。

2012 年 3 月，美国奥巴马政府在白宫网站发布了《大数据研究和发展倡议》，这一倡议标志着大数据已经成为重要的时代特征。2012 年 3 月 22 日，奥巴马政府宣布将 2 亿美元投资到大数据领域，这是大数据技术从商业行为上升到国家科技战略的分水岭，在次日的电话会议中，政府对数据的定义为"未来的新石油"。大数据技术领域的竞争，事关国家安全和未来，并表示，国家层面的竞争力将部分体现为一国拥有数据的规模、活性，以及解释、运用的能力；国家数字主权体现对数据的占有和控制。数字主权将是继边防、海防、空防之后，另一个大国博弈的空间。

2012 年 4 月，美国软件公司 Splunk 于 19 日在纳斯达克成功上市，成为第一家上市的大数据处理公司。即使在美国经济持续低靡、股市持续震荡的大背景，Splunk 首日的突出交易表现尤其令人们印象深刻——首日即暴涨了一倍多。Splunk 是一家领先的大数据监测和分析服务的软件提供商，Splunk 的成功上市促进了资本市场对大数据的关注，同时也促使 IT 厂商加快大数据布局。

2012 年 7 月，联合国在纽约发布了一份关于大数据政务的白皮书，总结了各国政府是如何利用大数据更好地服务和保护人民。在这份白皮书中举例说明了，在一个数据生态系统中，个人、公共部门和私人部门各自的角色、动机和需求。例如通过对价格关注和更好服务的渴望，个人提供数据和众包信息，并对隐私和退出权力提出需求；公共部门出于改善服务，提升效益的目的，提供了诸如统计数据、设备信息，健康指标，及税务和消费信息等，并对隐私和退出权力提出需求；私人部门出于提升客户认知和预测趋势的目的，提供汇总数据、消费和使用信息，并对敏感数据所有权和商业模式更加关注。白皮书还指出，人们如今可以通过使用极丰富的数据资源，包括旧数据和新数据，来对社会人口进行前所未有的实时分析。联合国还以爱尔兰和美国的社交网络活跃度增长可以作为失业率上升的早期征兆为例，表明政府如果能合理分析所掌握的数据资源，将能与数俱进、快速应变。

2012 年 7 月，为挖掘大数据的价值，阿里巴巴集团在管理层设立"首席数据官"一职，负责全面推进"数据分享平台"战略，并推出大型的数据分享平台——"聚石塔"，为天猫、淘宝平台上的电商及电商服务商等提供数据云服务。随后，阿里巴巴董事局主席马云在 2012 年网商大会上发表演讲，称从 2013 年 1 月 1 日起将转型重塑平台、金融和数据三大业务。马云强调："假如我们有一个数据预报台，就像为企业装上了一个 GPS 和雷达，你们出海将会更有把握。"因此，阿里巴巴集团希望通过分享和挖掘海量数据，为国家和中小企业提供价值。此举是国内企业首次把大数据提升到企业管理层高度。阿里巴巴也是最早提出通过数据进行数据化运营的企业。

2014 年 4 月，世界经济论坛以"大数据的回报与风险"主题发布了《全球信息技术报告（第 13 版）》。报告认为，在未来几年中针对各种信息通信技术的政策会显得更加重要。在接下来将对数据保密和网络管制等议题展开积极讨论。全球大数据产业的日趋活跃，技术演进和应用创新的加速发展，使各国政府逐渐认识到大数据在推动经济发展、改善公共服务、增进人民福祉，乃至保障国家安全方面的重大意义。

2014 年 5 月，美国白宫发布了 2014 年全球"大数据"白皮书的研究报告《大数据：抓住机遇、守护价值》。报告鼓励使用数据推动社会进步，特别是在市场与现有的机构并未以其他方式来支持这种进步的领域；同时，也需要相应的框架、结构与研究，来帮助美国人对于保护个人隐私、确保公平或是防止歧视的坚定信仰。

2017 年全球的数据总量为 21.6ZB（1 个 ZB 等于 10 万亿亿字节），目前全球数据的年增长速度为 40%左右，2018 年全球大数据产业得到强劲发展。整体来看，2018 年中国大数据行业的发展依然呈稳步上升趋势，市场规模达到了 327 亿元人民币，和去年相比增速超过 39%。随着政策的支持和资本的加入，未来几年中国大数据规模还将继续增长，但增速可能会趋于平稳。至 2022 年，全球大数据市场规模达到 800 亿美元。

5．大数据 4V 基本特征

1）体量（volume）大

截至目前，人类生产的所有印刷材料的数据量是 200PB（1PB=210TB），而历史上全人类说过的所有话音的数据量大约是 5EB（1EB=210PB）。当前，典型个人计算机硬盘的容量为 TB 量级，而一些大企业的数据量已经接近 EB 量级。

2）速度（velocity）快

这是大数据区分于传统数据挖掘的最显著特征。根据 IDC（国际数据公司，International Data Corporation）发布的"数字宇宙"报告指出，预计到 2020 年，全球数据使用量将达到 35.2ZB。在如此海量的数据面前，数据处理效率是企业的生命。

3）多样化（variety）

这种类型的多样性也让数据被分为结构化数据和非结构化数据。相对于以往便于存储的以文本为主的结构化数据，非结构化数据越来越多，包括网络日志、音频、视频、图片、地理位置信息等，这些多类型的数据对数据处理能力提出了更高要求。

4）价值（value）密度低

价值密度的高低与数据总量的大小成反比。以视频为例，1 小时的视频，在连续不间断的监控中，有用画面可能仅有一两秒。如何通过强大的机器算法更迅速地完成数据的价值"提纯"成为目前大数据背景下亟待解决的难题。

1.2　大数据从哪里来

1．百货公司知道谁怀孕

美国的 Target 百货公司上线了一套客户分析工具，可以对顾客的购买记录进行分析，并向顾客进行产品推荐。百货公司营销人员根据一位女性在 Target 连锁店中的购物记录，推断出这位女性已怀孕，然后营销人员以购物手册的形式向该女性推荐一系列孕妇产品。

通常可以从看似杂乱无章的购买清单中，经过对比发现不符合常规的数据，由此往往能够得出一些真实的结论。这就是大数据的应用。

2. 大数据解救了每一个"路盲"

小李是"地理白痴"，他下载了高德地图。只需要少许流量，小李就能在地图上查看自己所处的位置及周围的建筑。

虽然小李不知道什么是大数据，在他地图屏幕上跳出来的每个坐标和显示的实时路况，实际上都是由大数据堆成的。

3. 淘宝的大数据王国

据阿里巴巴公司发布的"2018 年度报告"显示，平均每个月超过 6 亿用户活跃在淘宝网上，在 2018 年，有 43.7 万淘宝卖家的年销售额超过百万元，2252 个卖家销售过亿。"亲"是 2018 年度淘宝最热的字，卖家全年发出 17.5 亿个"亲"。

大量搜索、浏览、收藏、交易、评价等来自买方、卖方以及网页自身的数据造就了淘宝网的海量数据库，这是阿里巴巴公司打造数据平台与产品，自主研发其海量数据库 OceanBase 并逐渐转型为数据服务商的重要基础。如图 1-1 所示为阿里大数据平台。

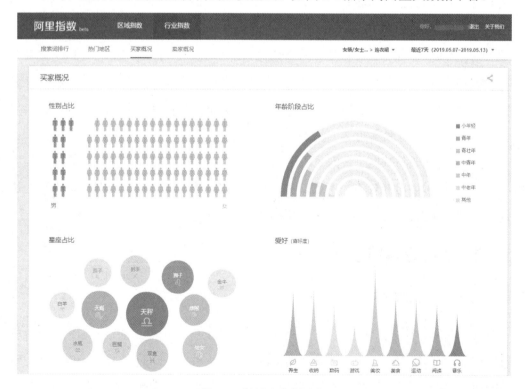

图 1-1 阿里大数据平台

4．以交易为核心的海量数据

淘宝网的数据以及流量产生的核心是围绕买卖双方的交易展开的，以此向外扩展，衍生出海量的相关数据与信息。同时，也正是这些数据、信息都与交易相关，因此形成了极具商业价值的数据信息，为阿里巴巴公司转型为电商"生态圈"的基础服务提供商、数据服务商进行数据开发与销售奠定了基础。

通过对用户网上消费行为的全流程追踪，大致可以看出淘宝网数据的各种产生来源与过程。这些数据的产生从大范围上可以划分为三种。第一种是来自淘宝网外部的数据，主要包括相关的广告点击、搜索引擎的搜索数据、关联软件的操作与推荐。第二种是直接访问带来的相关数据，包括浏览器访问、软件访问等。第三种也是最大的数据来源，即淘宝网内部的数据产生，这些数据的产生与买卖双方的交易密不可分，同时也围绕着这种交易产生了相关的信息与数据，包括内部搜索、页面浏览与点击、会员及用户相关页面、购买与交易数据、后台管理数据以及即时通信数据信息等。

5．大数据的主要来源分类

根据数据来源不同，大数据可以分为三类：

（1）人类活动，人在使用互联网（包括移动互联网）过程中所产生的各类数据；

（2）计算机及各种计算机信息系统产生的数据，多以文件、数据库、多媒体等形式存在；

（3）物理世界，各类数字设备所采集的数据，如气象系统采集设备所收集的海量气象数据、视频监控系统产生的海量视频数据等。

6．现代社会大数据产生的标志

（1）科学研究产生大数据。

（2）物联网技术产生大数据。

（3）网络化产生大数据。

1.3　大数据能做什么

1．微信朋友圈里的推荐

截止到 2018 年底，微信月活跃账户数增至约 10.98 亿。QQ 的整体月活跃账户数为 8.07 亿。

你在微信上任何举动都有可能是大数据的一部分，例如，通过微信支付消费情况、微信红包收发、定位、朋友圈活跃程度、朋友圈语言图片信息以及公众号订阅情况等。如图 1-2 所示为朋友圈的智能推荐功能。

图 1-2　朋友圈的广告推荐功能

事实上，微信朋友圈 Feed 流广告，正是基于性别、年龄、爱好、地理位置等一些用户标签进行精准匹配的一种广告类型。收到广告的用户，其实就是被微信广告引擎精心选拔出来的"第一批高质种子用户"，特征是"朋友圈活跃度强""经常参与广告互动"。

对比收入不同的用户的朋友圈广告投放，加上语音转文字的技术已成熟，此处的大数据极有可能来源于用户与身边所有朋友、同事的每一条微信聊天记录。

在微信广告推销的角度来看，我们都能深深感受到大数据时代的到来。

2．大数据的作用

1）新一代信息技术融合应用的结点在于对大数据的处理分析

物联网、移动互联网、社交网络及电子商务等是新一代信息技术的应用形态，这些应用在运行过程中逐渐产生了大数据。云计算为这些多样性强、数量大的数据提供了运算和存储平台，通过综合的数据处理、分析、管理、优化过程，云平台将数据处理结果反馈到上一层的技术应用中，从而使得人类从大数据中获得更大的社会和经济价值。大数据加快了信息技术融合的脚步，在这种技术融合的过程中，科学的数据分析需求也促进了信息管理创新环境的形成与发展。

2）大数据成为信息产业不断发展的新途径

随着大数据及其相关技术的不断发展，面向大数据市场的新产品、新技术、新业态及新服务逐渐出现，并且发展迅速。例如，在集成设备与硬件方面，大数据技术会对存储、芯片产业的发展与创新发挥至关重要的作用，还会加快一体化内存计算、存储处理服务器等市场的发展；在信息服务领域，大数据将加快数据挖掘技术、数据的处理分析速度，以及软件产品开发业的发展。

3）大数据成为提升核心竞争力的关键因素

随着信息技术的发展，越来越多的行业步入了转型发展的轨道，企业决策从业务驱动逐渐向数据驱动转变，大数据分析可以支持企业推出更加有效和精准的营销策略，能够为企业制定更符合消费者需求的个性化服务措施，大数据应用成为增强企业核心竞争力的关键因素。在公共事务领域，例如医疗领域，病例大数据分析应用能够提升病症诊断的准确性、药物疗效的可靠性等，进一步推动智慧医疗的发展；公共服务大数据平台的建设也逐步在社会生活中发挥重要作用，智慧城市、智慧交通的发展无不是以大数据云平台建设为基础保障，大数据应用成为保持社会稳定、加快经济发展、提升国家综合竞争力的重要方式。

4）大数据时代科学研究方法也会出现相应变化

大数据及其相关技术对于科研方面的影响日益显现。例如，社会科学的基本研究方法之一为抽样调查，而在大数据时代，抽样调查已经不再具有普适性。研究人员可以通过实时跟踪，对研究对象产生的海量数据进行挖掘分析并找出其规律，制定研究对策并得到相关结论。研究结果不再注重因果关系，而更偏向于相关关系，研究结论不仅关注当下，还更关注对未来的预测。适时调整研究方法，紧跟大数据时代特色，成为学科发展的重要方向。

3. Facebook 的大数据维持用户

据《2018 年全球数字报告》显示，2018 年全球社交媒体用户为 31.96 亿人，同比增长 13%。2018 年手机用户数量为 5.135 亿，同比增长 4%。2018 年互联网用户为 40.21 亿人，同比增长 7%。截至 2018 年 9 月 Facebook 平均月活跃量为 22.7 亿人，去年同期 20.7 亿人。日活跃量为 14.9 亿人，去年同期 13.7 亿人。在大数据领域，Facebook 可称为 SNS（Social Networking Services，即社会性网络服务）领域的"显赫主角"。它所基于的自媒体模式，在低成本整合海量数据方面，为大数据行内人士所称道。但 Facebook 大数据战略并不仅限于此，数据收集、数据分析和数据应用共同构成了 Facebook 大数据战略。

起初，Facebook 的注销页面很单调，只有一行"很遗憾你选择离开，请告诉我们 Facebook 的不足之处"（We're sorry you're leaving. Tell us why Facebook was not useful）。有一位设计师为了在用户即将注销 Facebook 的最后一刻将其挽回，根据对用户数据的分析，找到他们内心想法的规律，从而发起了注销页的改造，通过后台对用户关系的挖掘，自动匹配在注销页面上方推送给该用户他的朋友照片和信息。

修改之后的注销页面将显示："您确定要注销吗？注销之后，您曾经分享在 Facebook 上的所有信息都将移除。那样 Corey 会想你的，Therese 一家会想你的，Aaron 会想你的……"等字样，并且在朋友的照片下方设置了一个超链接，用户可以直接向朋友们发送私信。

这样的设计让注销的用户感觉到自己一旦注销就像离开了一个集体、离开了一群朋友。而最终数据显示，用情感化的方式打动人是成功的。它成功地降低了 7%的账户注销率，从而在关键时期止住了 Facebook 的失血，使 Facebook 度过了最初的危险期。

简而言之，大数据的作用是什么？在投资者眼里是金光闪闪的两个字：资产。

1.4　大数据平台初识

大数据是以容量大、类型多、存取速度快、应用价值高为主要特征的数据集合，正快速发展为对数量巨大、来源分散、格式多样的数据进行采集、存储和关联分析，从中发现新知识、创造新价值、提升新能力的新一代信息技术和服务业态。大数据技术的战略意义不在于掌握庞大的数据信息，而在于对这些含有意义的数据进行专业化处理。换而言之，如果把大数据比作一种产业，那么这种产业实现盈利的关键，在于提高对数据的"加工能力"，通过"加工"实现数据的"增值"。

在任何完整的大数据平台，一般都包括以下几个过程。

1．大数据采集

数据采集处于大数据生命周期中第一个环节，它通过 RFID 射频数据、传感器数据、社交网络数据、移动互联网数据等方式获得各种类型的结构化、半结构化及非结构化的海量数据。由于可能有成千上万的用户同时进行并发访问和操作，因此，必须采用专门针对大数据的采集方法，其主要包括以下三种：

- ➢ 系统日志采集
- ➢ 网络数据采集

➢ 数据库采集

2. 大数据存储

随着互联网的不断扩张和云计算技术的进一步推广，海量的数据在个人、企业、研究机构等源源不断地产生。这些数据为日常生活提供了便利，信息网站可以推送用户定制的新闻，购物网站可以预先提供用户想买的物品，人们可以随时随地分享信息。但是如何有效、快速、可靠地存取这些日益增长的海量数据成了关键问题。传统的存储解决方案能提供数据的可靠性和绝对的安全性，但是面对海量的数据及其各种不同的需求，传统的解决方案面临越来越多的困难，如数据量的指数级增长对不断扩容的存储空间提出要求，实时分析海量的数据对存储计算能力提出要求。一方面传统的存储解决方案正在改变，如多级存储来不断适应大数据存储管理系统的特点和要求，另一方面全新的存储解决方案正日渐成熟，来有效满足大数据的发展需求。如图 1-3 所示为大数据存储基地。

当前，我国大数据存储、分析和处理的能力还很薄弱，与大数据相关的技术和工具的运用也相当不成熟，大部分企业仍处于 IT 产业链的底端。我国在数据库、数据仓库、数据挖掘及云计算等领域的技术，普遍有较大提升空间。

在大数据存储方面，数据的爆炸式增长，数据来源的极其丰富和数据类型的多种多样，使数据存储量更庞大，对数据展现的要求更高。而目前我国传统的数据库，还难以存储如此巨大的数据量。在大数据的分析处理方面，由于针对不同的应用类型，需要采用不同的处理方式，因此必须通过建立高级大数据的分析模型，来实现快速抽取大数据的核心数据、高效分析这些核心数据并从中发现价值，而数据分析能力正是我国欠缺的部分。

图 1-3　大数据存储基地

因此，如何提高我国对大数据资源的存储和整合能力，实现从大数据中发现、挖掘出有价值的信息和知识，是当前我国大数据存储和处理所面临的挑战。

迎接大数据存储挑战的建议

如果企业有多个存储箱，那么将数据库、线交易处理（OLTP）和微软 Exchange 应用到特定的存储系统绝对是一个好主意。而其他专业存储系统则用于大数据应用，如门户网站，在线流媒体应用等。典型的专业大数据存储管理架构如图 1-4 所示。

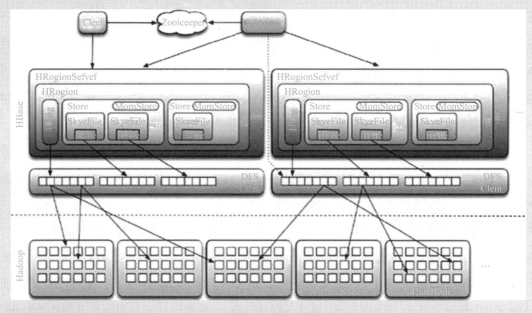

图 1-4　专业的大数据存储管理

如今，很多公司提供兼容数据管理的存储系统。在寻找大数据存储管理解决方案时应仔细评估这些公司。如 EMCIsilon 的集群存储系统对于大数据存储管理是一个更好的选择，因为在一个单一的文件系统中，大数据中基本数据元素能增长到多字节的数据。

3. 大数据分析

除了存储，大数据管理的另一项大挑战是数据分析。由于数据量较大，一般的数据分析应用程序无法很好地进行处理。

目前，诸如 EMCGreenplum 这样的公司就采用专门针对大数据的管理和分析的工具。这些应用程序运行在集群存储系统上，缓解大数据的管理压力。建议选择应用程序可同时工作在群集存储系统，并迅速有效地分析数据。快速索引，确保元数据始终驻留在固态硬盘（SSD）。

除应用集群存储系统快速索引大数据之外，管理大数据的另一个需要重点考虑的是未来的数据增长。实用的大数据存储管理系统应该是可扩展的，足以满足未来的存储需求。

公司一般寻找云计算服务来进行存储和管理海量数据而不被供应商锁定，进而确保把握数据所有权。

4. 大数据处理

从"分马"问题讲起数据处理

古时候，有个老人，在临死时决定把遗产这样分配：大儿子得二分之一，二儿子得三分之一，三儿子得九分之一。老人的遗产原来是17匹马。如果按照老人的遗嘱分，就得把马杀死。

正在三个儿子左右为难时，一个过路的智者下了马，看情况笑了笑，说他可以解决此事。他说要借给你们一匹马，这时候总数就变成了18匹马，大儿子得二分之一共9匹，二儿子得三分之一共6匹马，三儿子得九分之一共2匹，还剩下1匹马，智者又牵了回去。

故事告诉我们，对于数据的处理需要采用合适的方法才能完成预期任务。

大数据的意义不在于掌握多大量级的数据信息，而在于如何处理这些数据信息得到想要的结果。也就是说，大数据价值的关键在于对于数据的"加工能力"，对数据进行深度挖掘，可以解决实际问题，实现其价值。

大数据应用面临着许多挑战，而目前的研究仍处于初期阶段，仍需要进行更多的研究工作来解决数据展示、数据储存及数据分析的效率等问题。如图1-5所示为大数据应用成果。

类　别		代表性例子
平台	本地云	Hadoop, MapR, Cloudera, Hortonworks, InfoSphere BigInsights, ASTERIX AWS, Google compute Engine, Azure
数据库	SQL	Greenplum, Aster Data, Vertica
	NoSQL	HBase, Cassandra, MongoDB, Redis
	NewSQL	Spanner, MegaStore, F1
数据仓库		Hive，HadoopDB，Hadapt
数据处理	批处理	MapReduce, Dryad
	流处理	Storm, S4, Kafka
查询语言		HiveQL, PigLatin, DryadLINQ, MRQL, SCOPE
统计分析 机器学习		Mahout, Weka, R
日志处理		Splunk, Loggly

图 1-5　大数据应用成果

5. 大数据的可视化

让大数据有意义，使之更方便大多数人使用，最重要的手段是数据可视化。数据可视化是寻路仪，从字面上理解，就如同街头的路标指引用户到目的地，从象征意义上理解，其颜色、大小或抽象元素的位置都会传达信息。总之，恰当的可视化标识可以提供较短的路线，帮助指导决策，成为通过数据分析传递信息的一种重要工具。然而，数据可视化要真正可行，还应有适当地交互性，其界面必须设计良好、易于使用、易于理解，才能更容易被人接受。

大数据是大容量、高速度并且数据之间差异很大的数据集，因此需要新的处理方法来优化决策的流程。大数据的挑战在于数据采集、存储、分析、共享、搜索和可视化。

大数据可视化的 4 个误区及解析：

➤ "所有数据都必须可视化"：不要过分依赖可视化，一些数据不需要可视化方法来表达它的信息。

➤ "只有好的数据才应该做可视化"：简便的可视化可便于用户找到错误，就像数据有助于发现有趣的趋势。

➤ "可视化总是能做出正确的决定"：可视化并不能代替批判性思维。

➤ "可视化将意味着准确性"：数据可视化并不着重于显示一个准确的图像，而是表达出不同的效果。

可视化可通过创建表格、图标、图像等直观地表示数据。大数据可视化并不是传统的小数据集。一些传统的大数据可视化工具的延伸虽然已经被开发出来，但这些远远不够。在大规模数据可视化中，许多研究人员用特征提取和几何建模可在实际数据呈现之前大大减少数据量的大小。因此当我们在进行大数据可视化时，选择合适的数据也是非常重要的。

农业大数据可视化

农业大数据集成了农业地域性、季节性、周期性、品种多样性、微观特性等自身特征，来源极其广泛，如何展示农业大数据对于农业生产有着至关重要的意义。

以生产为例，农业涉及的数据有耕作、播种、施肥、杀虫、浇灌、收割、存储等，这些数据都要通过大数据可视化的方法进行展示，并体现这些数据之间的联系和区别。

如图 1-6 所示，农业大数据展示了各种农业种植品种的农户数、占比、增长幅度，以圆的大小表示企业的数目多少，直观有效。数据大类形式又可以分为涉农企业模式、行业大类模式、行业变化模式三类。

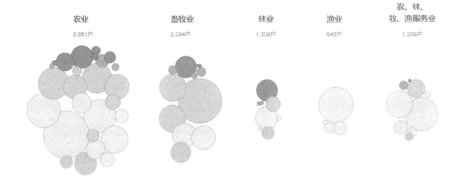

图 1-6　农业大数据可视化效果图

思　考　题

1. 大数据的 4V 基本特征是什么？

2. 大数据的来源主要有哪些？

第2章 数据贵州，多彩贵州

2.1 贵州省大数据立省战略

从一张白纸到一幅蓝图、一片发展热土，走上大数据之路的贵州省已从昔日工业时代的跟随者，悄然变成大数据时代的同行者，甚至领跑者。"大数据"成为世界认识贵州省的新名片。

2015 年，贵州省在全省层面提出实施大数据战略行动。围绕建设国家大数据综合试验区，贵州省大力发展大数据产业，把发展大数据作为弯道取直、后发赶超的战略引领，作为产业创新、转型升级的战略选择，2016 年出台《贵州省大数据发展应用促进条例》等地方法规，2017 年设立贵州省大数据发展管理局，各地各部门将大数据事业作为"一把手工程"，开展"千企改造工程"，搭建服务平台，推进大数据与产业融合应用，走出了欠发达省份发展大数据的新模式。

2018 中国国际大数据产业博览会（如图 2-1 所示）期间，贵州省共成功签约项目 199 个、金额 352.8 亿元；全球共有 193 家媒体 1639 人汇集数博会，人数创历届最高；一大批国内外知名企业主动对接参加数博会，Facebook、谷歌、德国博世等企业首次参展。

图 2-1　2018 中国国际大数据产业博览会

数博会开幕当天，国家主席习近平向会议致贺信。他强调，要围绕建设网络强国、数字中国、智慧社会，全面实施国家大数据战略，助力中国经济从高速增长转向高质量发展。

> "大数据就是贵州弯道取直、后发赶超的大战略、大引擎和大机遇。"
>
> ——贵州省省委书记陈敏尔

2.2　贵州省大数据发展现状

贵州省深入贯彻落实党的十九大精神和习近平总书记对贵州省工作的重要指示批示精神，深入实施大数据战略行动，强力推进国家大数据综合试验区建设，加快建设"数字贵州"，积极为"数字中国"建设开展探索实践。大力推动大数据在全省各行各业各领域融合应用，大数据产业发展蹄疾步稳、成效显著，进入了新阶段、迈上了新台阶。

大数据相关产业迅猛发展。贵州大数据领域主体产业持续保持高位增速，全省互联网及相关服务、软件和信息技术服务业营业收入分别比上年同期增长 75.8% 和 21.5%。全年电信业务总量增长 165.5%，电子信息制造业增加值增长 11.2%。

费州正成为"世界的大数据中心"。贵州·中国南方数据中心示范基地步建成，全省建设的机架数达 9.7 万架，实际安装使用服务器机架数达 2.5 万架，共有 10 个国家部委、40 余个国内知名企业数据资源落户贵州。全省投入运营及在建的规模以上数据中心达到 17 个，贵州成为全国大型数据中心集聚最多的地方，贵安新区绿色数据中心 PUE 值低至 1.05，成为全国唯一获得美国 LEED（Leadership in Energy Environmental Design Building Rating System）最高等级认证的绿色数据中心建筑。时任世界银行行长金镛到贵州考察时，称赞贵州是"世界的大数据中心"。

中国信息通信研究院公布的《中国数字经济发展和就业白皮书（2018 年）》显示，贵州数字经济增速连续三年排名全国第一、数字经济吸纳就业增速名全国第一。"云上贵州"平台成为全国推动政府数据汇聚的佼佼者。贵州省市两级政府 736 个非涉密应用系统接入"云上贵州"平台，数据集聚量从 2015 年的 10TB 增长到 2018 年的 1128TB。贵州在全国率先建成全省一体化政府大数据中心体系，政务数据"聚通用"水平不断提高。

数据整合共享走在全国前列。国家电子政务云数据中心南方节点建成国家大数据综合试验区建设向纵深推进。贵州获批建设国家政务信息系统整合共享应用试点省，在全国率先探索数据共享交换新机制，建立贵州省政务数据调度中心，建设数据调度平台，完善政务数据共享交换机制，形成数据统一调度管理模式，有效解决了数据"互联互通难、信息共享难、业务协同难"等问题，实现跨层级、跨地域、跨部门的数据高效调度管理。四大基础数据库顺利建成运行，7760 万条基础数据汇入"云上贵州"共享交换平台。建成健康卫生、社会保障、食品安全，公共信用、城乡建设，生态环保、精准扶贫 7 个主题库，省级数据共享交换平台上有数据资源目录 4236 个、信息项 70033 项，其中可共享的信息项达到 57416 项。115 家省直部门和市县政府门户与省政府门户实现数据交换。服务脱贫攻坚，协调打通扶贫相关数据 1800 万余项。

数据开放走在全国前列。获批建设国家公共信息资源开放试点省，省市助数据资源目录 100%上架，目前已开放 67 家省直部门 1915 个数据资源，其中 1223 个可通过 API 接口直接调用。贵州开放的可机读数据占比达 96.75%。贵州政府数据开放平台的建设模式，得到国家发展改革委员会、国家信息中心充分肯定。

2.3 贵州省大数据发展成果

贵州省紧紧抓住大数据发展机遇，不断推动大数据产业向"深"向"实"发展，围绕国家大数据综合试验区建设，千方百计培育新动能、发展新经济，为实施国家大数据战略积累经验、探索路子，取得了一系列可喜的发展成果。

1. 组建大数据发展领域的省属大型国有企业

2017 年 12 月，贵州省政府组建云上贵州大数据（集团）有限公司，对全省政府大数据信息化项目及政府数据资源进行开发经营，打造支撑贵州省大数据产业发展的战略性、引领性、创新性企业集团。这是全国率先由省级政府成立的大数据方面的省属大型国有企业。

2. 成功打造"货车帮"+"运满满"

2017 年 11 月，国内公路货运领域的两家"独角兽"企业贵阳货车帮科技有限公司和江苏满运软件科技有限公司进行战略合并为满帮集团，总部设在贵阳，成为全国最大的大数据物流平台企业。

3. 苹果数据中心落户贵州

2018 年 2 月开始，苹果全部中国用户的数据存储在贵州并由云上贵州公司管理，同时苹果公司第一次改变其全球用户收费业务在爱尔兰结算的做法，在贵州完成中国用户的相关业务结算。如图 2-2 所示为苹果公司数据中心落户贵阳乾鸣国际信息产业园。目前，全球前十互联网企业有 7 家来到贵州发展，25 家世界级或国内 500 强企业落户贵州。

图 2-2　苹果公司数据中心落户贵阳乾鸣国际信息产业园

4. 形成大数据产业生态圈

2018 年作为产业大招商突破年，组织编制高科技产业招商目录指引，聚焦电子信息、生物与新医药、新材料、装备制造、新能源与节能、资源与环境、高技术服务业等 7 个领域 1000 余家企业进行精准招商，着力"强链、补链、延链"，贵州大数据产业生态圈逐步形成。

5. 打造"全球智力收割机"

2017 年 11 月在印度设立"云上贵州（班加罗尔）大数据协同创新中心"，此前，在俄罗斯设立"贵阳高新（莫斯科）创新中心"，在美国设立"贵州大数据（伯克利）创新研究中心"，有效调动全球智力。发挥技术榜单作用，支持省内企业在域外建立研发中心，直接"收割"国内外优秀技术和人力资源。

6. 培养最优秀的大数据人才

突出"本土化"培养人才，与国家统计局签订协议，依托贵州财经大学建设大数据统计学院。与阿里巴巴、华为等组建大数据学院联合办学，贵州理工大学阿里巴巴学院 2017

年首期招生 300 人、贵州电子信息技术职业学院华为大数据学院首期招生 1000 人。在清华大学开办大数据研究生贵州班，首期招生 30 人。

7. 推进精准扶贫大数据应用

建好"精准扶贫云"，打通扶贫、公安、教育、医疗、交通等 17 个部门和单位数据，实现对象识别、措施到户、项目安排、资金管理、退出机制、干部选派、考核评价、督促检查等方面精准管理。推进"国土资源云"与"扶贫云"融合，以基础地理信息数据为支撑，精准掌握和调度易地扶贫搬迁等重点工程。

8. 以大数据助力教育扶贫

在全国率先推动"扶贫云"与"教育云"融合，自动生成数据、自动识别贫困学生、协同自动办理教育扶贫资助，实现了"贫困家庭子女高中、大专院校免学费的零申请、零证明、零跑腿"。

9. 推进医疗大数据应用

贵州"医疗健康云"联通全省 199 家县级以上公立医院，实现"一窗式"预约挂号，成为国内首家以省为单位的统一预约挂号平台。2017 年底，在全国率先实现全省所有乡镇卫生院和省市县公立医院全部远程联网，实行远程医疗，使农村和边远地区群众能够共享优质医疗资源，截至目前已开展远程影像诊断 48500 多例。

10. 以大数据促进经济转型升级

开展数字经济攻坚战，实施"千企引进""千企改造"工程、大数据+产业深度融合行动计划、"万企融合"大行动，利用互联网新技术新应用对传统产业进行全方位、全角度、全链条的改造，提高全要素生产率。"贵州工业云"作为全国制造业与互联网融合典型进行推广。贵阳"航天电器柔性智能制造车间"入选中德智能制造合作示范项目。

11. 开展大数据标准建设

继成立贵州省大数据标准化技术委员会之后，2018 年 4 月，国家标准委同意贵州省建设国家技术标准（贵州大数据）创新基地，贵州成为全国首个获批建设大数据国家技术标准创新基地的省份。

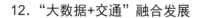

12."大数据+交通"融合发展

贵州省交通运输厅抢抓实施国家大数据战略和建设智慧交通的发展机遇，以交通大数据"聚通用"为核心，以待业监管和公众服务为重点，加快智慧交通建设，在数据资源的集聚、整合和应用上探索创新，有效提升行业治理水平，有力推动相关产业融合发展。

思 考 题

1．贵州"大数据+交通"有什么具体行动？

第二篇

数据创造价值，了解大数据

第3章　充分发挥大数据管理价值

3.1　司法大数据加速法制社会建设

司法大数据是司法机关在司法活动中通过对原始数据的收集加工而形成的信息，具有大量性、多样性、真实性和开放性的特征。司法大数据的基本功能是提升审判质效，其辅助功能是落实司法责任，其衍生功能是推进司法公开，其核心功能是助力社会治理。完善数据方面的立法规范，做好数据的收集与加工，提高司法数据的智能化程度，实现数据的开放共享是司法大数据功能的实现路径。

据中国司法大数据研究院的专题报告显示，我国10%以上交通事故案件是开车玩手机造成；在离婚纠纷案中，女性主动提出离婚的比例较男性高；在赡养纠纷案中，原告身体不佳或经济能力较差的案件占比85.5%……

司法大数据旨在开发基于自然语义识别和人工智能技术的案件权重的测算系统，如图 3-1 所示为司法大数据服务平台。它有以下两大特征：一是覆盖全样本，即基于所有数据；

图 3-1　司法大数据服务平台

二是实体与程序结合，即实体数据与程序数据的结合。随着中国裁判文书网、中国审判流程信息公开网、中国执行信息公开网、中国庭审公开网等司法公开四大平台的建成运行，司法案件从立案、审判到执行，全部重要流程节点实现了信息化、可视化、公开化，构建出开放、动态、透明、便民的阳光司法机制，司法公开形成的大数据充分发挥了服务群众诉讼、服务法院管理、服务社会治理的作用。

司法大数据主要来源于如图 3-2 所示的司法大数据信息平台。具体来说，由司法大数据数据案例库显示，司乘冲突刑事案件中，超半数案件有乘客攻击司机行为，超九成判处有期徒刑。这对运输公司、公交车司机和乘客都是一种警示。这些数据提示乘客不要有危害公交车安全的行为，否则公交车全体乘客都有危险，甚至可能付出生命代价。司法大数据还显示，近三年来，价格欺诈、虚假宣传、产品质量不合格是引发网络购物纠纷的主要原因，以上三者的纠纷均占纠纷总量的 25%左右。这对消费者、网店、电商平台及市场监管部门都是一种警示，面对这些问题需要多方共同参与管理，严加把控。

图 3-2　司法大数据信息平台

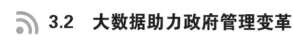

3.2　大数据助力政府管理变革

在大数据时代，小到商业机构的营销分析，大到公共领域的政府决策，越来越多地依靠数据的支持。百姓不必搜遍网络，就能查询衣食住行、科教文卫等各种信息；社区工作人员通过获取数据库信息，便可处理突发事件；政府运用数据分析，也能发现贪污线索……如今，大数据已被很多地方政府部门引入日常管理中。经调查发现，大数据因其数据体量大、类型多、价值高、处理快等特征，在增强政府决策的科学性、增强公共服务能力、提升社会管理水平等方面，发挥越来越重要的作用。

这种基于数据驱动的新型决策机制，体现出大数据不仅仅是一种技术，更是一种理念创新和模式创新。大数据不仅是政府管理的一种新手段或新工具，而且还将把政府管理改革带入一个全新阶段。随着大数据在政府管理和公民社会生活的深入，政府部门内部及其与公民社会的关系将被重新建构。技术、组织、关系和行为的再造呼唤着全新管理模式的出现。

自 2013 年以来，大数据、互联网、云计算等新兴产业得到了中国政府的高度重视。李克强总理在 2018 年《政府工作报告》中明确提出应加快新旧发展动能接续转换，深入开展"互联网+"行动，实行包容审慎监管，推动大数据、云计算、物联网广泛应用，新兴产业蓬勃发展，传统产业深刻重塑。国务院常务会议多次研究并部署了推进互联网、大数据等新兴产业的快速发展，科技部、发改委、工信部等部委在科技和产业化专项中对新一代信息技术给予了重点支持，在推进技术研发方面取得了积极效果。在国家层面的积极鼓励和倡导下，各地政府高度重视互联网、大数据、云计算等新兴产业发展，推行了"互联网+政务服务"，实施了一站式服务等举措，从而使营商环境持续改善，市场活力明显增强，群众办事更加便利。

近年来，国家发布了大量的政策和指导性文件，引导和规范了各省市相关政府部门建设政务云。其中，已经有80%省市正式发文要求电子政务集约化建设，93%省市"互联网+"、信息惠民工程、智慧城市等发文中要求推进数据共享开放。例如，2015 年《关于促进云计算创新发展培育信息产业新业态的意见》中提到，云计算是推动信息技术能力，实现按需供给、促进信息技术和数据资源充分利用的全新业态，是信息化发展的重大变革和必然趋势。2015 年 8 月《关于促进大数据发展的行动纲要》中提到，立足我国国情和现实需要，推动大数据发展和应用，在未来 5～10 年逐步实现"打造精准治理、多方协作的社会治理新模式。建立运行平稳、安全高效的经济运行新机制。构建以人为本、惠及全民的民生服务新体系。开启大众创业、万众创新的创新驱动新格局。培育高端智能、新兴繁荣的产业发展新生态"的目标。在 2016 年 23 号文《推进"互联网+政务服务"开展信息惠民试点实施方案》中提到，到 2016 年底，在 80 个试点城市内基本实现政务服务事项的"一号申请、一窗受理、一网通办"，2017 年做到全面推广、成效显现，推动各试点区域间电子证照和公共服务事项跨区域、跨层级、跨部门的"一号申请、一窗受理、一网通办"，完善"一号、一窗、一网"服务模式，形成可复制、可推广的经验，逐步在全国实行。可以看到，集约化、数据共享、创新应用已经成为政务云的发展趋势。如图 3-3 所示为"互联网+政务"架构。

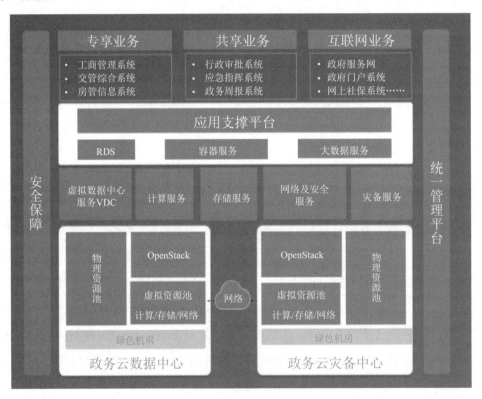

图 3-3   "互联网+政务"架构

安徽省芜湖市从 2007 年开始推进社区信息化建设，选择镜湖区作为试点，建立人口数据库，从最基本的摸清人口底数、掌握动态做起，不断更新人口基础信息。然而，真正让芜湖市市民意识到数据库意义的是一次火灾。

几年前的一天夜里，镜湖区的一个居民小区发生火灾，火势迅速蔓延，近百户居民受到影响。一时间，究竟有多少居民受火灾影响、包含多少老人和孩子，都成为亟须了解的信息。镜湖区相关工作人员立刻调出该小区的人口数据库，准确查出了每户的家庭成员信息。根据这些数据，镜湖区在充分调集力量救火的同时，为火灾中被救出、没有受伤的住户安排了宾馆，还根据数据库中的学生信息，联系教育部门备好相应年级的书本，在第二天一早就把整套的新书和书包送到学生手中，安抚了群众情绪。

"对公众而言，大数据带来的最直观变化就是，政府从管理型向服务型、精准服务型转变。"芜湖市政府信息办副主任、总工程师承孝敏表示，以往政府工作人员只是被动等待百姓上门办理业务，现在有了大数据的海量信息支撑后，就可以精准定位各类人群，比如社区矫正人员、流动人口、失独家庭等，并根据不同人群的需求提供更有针对性的服务。

另外，曾经让不少老百姓抱怨"跑断腿"的业务办理，随着大数据的应用，也得到了改善。例如，现在政府为企业开通了特种设备使用许可网上办理绿色通道，利用政务服务大数据大大减少了不必要的繁杂的手续流程，大大提高了政府的办事效率。如图 3-4 所示为智慧审批流程。

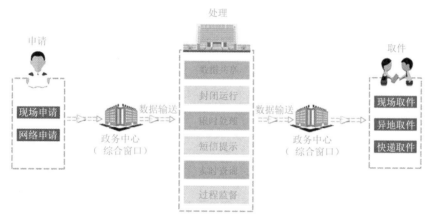

图 3-4　智慧审批流程

成都市质量技术监督局联合成都市政务服务中心、温江区市场和质量监督管理局开通的网上办理绿色通道，是成都市"智慧审批"试点区域。温江区的企业在办理压力容器、压力管道、锅炉、起重机械、电梯、场（厂）内专用机动车辆、大型游乐设施、客运索道八大类特种设备使用许可事项时，可首先在系统中录入企业名称或设备注册登记号进行查询，符合办理条件的，依据提示提交办理所需资料；经审批通过的，按照引导流程，自助打印特种设备使用登记证或者使用登记表，完成全部办理流程。企业可登录成都市质量技术监督局官网或成都市政府政务服务中心官网，点击"特种设备使用许可网上办理绿色通道"按钮，在网上查询详细的办理流程和要求。

这条绿色通道大大节约了办事成本，有效减轻了企业负担，"让信息多跑路、群众少跑腿"。成都市质量技术监督局主要负责人贺欣表示，这是成都市质量技术监督局坚持以新的发展理念为指引，深入推进"放管服"改革，主动转变政府职能的又一创新举措，通过降低制度性交易成本激发市场活力和创造性。该局清理了行政审批事项前置审批条件，对 12

项行政许可事项的办事流程进行了简化和优化,运用"互联网+"和大数据,创新行政审批方式、重构网上审批流程,开发了这套全程网上审批系统,初步实现了该局行政审批全程电子化、智慧化、便民化。成都亚克力板业有限公司、成都乐新投资有限公司和成都闲居物业管理有限公司是此次特种设备行政审批改革的首批"吃螃蟹者"。而这仅仅只是个开端,下一步,成都市质量技术监督局还将进一步完善该系统,贯彻学习新颁布的《特种设备使用管理规则》,预计所有企业都可实现足不出户办理特种设备使用许可事项。

3.3 大数据贵州——云上贵州平台分析实践

2014 年 4 月,贵州省与阿里巴巴公司签署了《云计算和大数据战略合作框架协议》,全面开展大数据领域的合作。在贵州省政府和阿里巴巴公司的支持下,2014 年 10 月 15 日,"云上贵州"系统平台正式上线。11 月 30 日,云上贵州大数据产业发展有限公司经贵州省人民政府批准成立,注册资金 23500 万元,由贵州省大数据发展管理局履行出资人职责,贵州省国有企业监事会进行监管。"云上贵州"是贵州省借助阿里巴巴公司的"飞天云"大规模分布式计算系统打造的基础平台,用于实现大数据资源开放、互通、共享。该平台的上线,为实现数据应用、衍生产业提供了强有力的支撑。在"云上贵州"的支持下,贵州省政府可通过开放数据,改进公众服务和社会管理,营造创新环境和释放商业机会,市民、企业和政府都是开放数据的受益者。以食品安全云为例,政府需要监管、整合数据,通过应用实现政府职能、履行政府责任;企业需要通过食品、药品监督数据提升自身信誉度,产生应用服务,同时政府可购买这些服务,打造产业链;社会和个人作为享受服务和应用的主体,对数据和市场享有知情权,可以便捷地寻找到可信、健康、安全的产品。

云上贵州大数据产业发展有限公司致力于推动贵州大数据产业发展,构建大数据产业生态体系,建设及运营"云上贵州"系统平台,搭建贵州大数据电子信息产业投融资平台,发起并管理大数据电子信息产业基金,孵化及培育大数据电子信息类企业。同时,通过全方位的大数据基础设施、数据处理与存储、数据挖掘与交易、产业投资与基金管理、信息技术咨询、通信网络设备租赁、互联网接入、软件开发及信息系统集成服务和专业的云平台及云应用服务,灵活满足全国各级政府部门和企业客户的差异化需求。

依托"飞天云"计算基础平台,贵州省正在展开"7+N"朵云建设,并开始提供云服务,推动建设面向政府、公众和企业的云计算和大数据服务平台,探索新的商业模式。继在全国率先开放政府数据目录之后,"云上贵州"系统平台要求省级政府部门将数据资源迁至平台,引导省内、省外企业的数据资源上云。如图 3-5 所示为"云上贵州"平台。目前,贵州省政府已经梳理出电子政务云工程、智慧交通云工程、智慧物流云工程、智慧旅游云工程、工业云工程、电子商务云工程和食品安全云工程七个领域的数据资源目录，并在政府数据资源安全前提下逐步有序地向企业及个人开放。

图 3-5　"云上贵州"平台

> 电子政务云工程：建立统一的贵州省电子政务云服务平台，发展电子政务云计算服务。

> 智慧交通云工程：统筹全省运输方式及管理部门的数据资源，整合公安、城管、交通、气象、铁路、民航等监控体系和信息系统，实现全网覆盖，提供交通诱导、应急指挥、智能出行、智能导航等服务，实现交通信息的充分共享、公路交通状况的实时监控及动态管理，全面提升监控力度和智能化管理水平。

> 智慧物流云工程：大力推进物流领域信息基础设施建设，加快物流信息交换平台及第四方物流信息平台建设；整合商品信息、交通路网、货物运输、货物周转等行业数据，实现物流政务服务和物流商务服务的一体化。

> 智慧旅游云工程：整合旅游、建设、文化、交通、公安等部门和旅游景区、旅行社、酒店等单位的数据资源，以及公路、铁路、机场等交通数据资源，建立全省统一的跨地区、跨景区的旅游数据资源交换体系。

> 工业云工程：面向国防工业、装备制造、轻工食品等行业提供云计算服务，并逐步推广；降低企业发展成本、提高工作效率。

➢ 电子商务云工程：依托京东电商产业园、贵阳国际电商产业园等园区，加快电子商务支撑体系建设，整合生产企业、销售企业、运输企业、消费者、电商等方面数据，实现电子商务运行一站化，面向中小企业和"淘宝村"建设提供信息发布、商务代理、网络支付、融资担保和技术支持等服务。

➢ 食品安全云工程：创新构建全国领先的食品安全政府监管、企业自律、媒体监督、消费者参与的社会管理"贵州模式"。

（1）依托"云上贵州"，建设龙里"智慧警务"。

龙里县隶属于贵州省黔南布依族苗族自治州，位于黔中腹地，紧邻省会贵阳，全县常驻人口数约30余万。在2013年9月，龙里县公安局就已提出依托"智慧城市"、建设"智慧公安"的实施规划和技术方案，龙里县政府同意将"智慧公安"作为"智慧龙里"重要功能模块，并列为全县十大民生工程重点建设。

"智慧公安"作为"智慧城市"的子系统，是龙里县"智慧城市"系统在公安领域的深入和拓延，依托"智慧城市"的硬件投入，将自建光纤、1.4G无线基站、350兆数字集群系统、三台合一系统、卡口及微卡口系统、电子警察系统、终端信息采集设备、视频专网、地理信息、社会资源平台、网吧管理系统、酒店特种行业管理系统、电子围栏系统、警务实战系统等先进科技进行有机整合的应用平台，通过持续研发不同警种业务应用软件进行驱动实现智能分析，对海量数据进行关联、分析、比对、碰撞，实现"多级别、诸警种、跨区域"的合成作战与远程作战，进一步实现案件现场、人、车、物与后台画面同步可视的应急联动与决策指挥。

● 科学合理的前端点位布置

目前，经建设已完成自建治安监控1000余路，卡口监控点位100余个，并配备了微卡口、违停抓拍球机、电子警察、无人机等设备。前端点位以"渔网模型"作为设计基础，结合过去几年的频繁发案地点、民生纠纷密集地区，以及针对未来的城市扩建规划，对各种前端设备进行了合理的配置。同时，龙里县公安局在设计伊始就提出了"跨警种应用，资源共享"的概念。所有视频、数据资源根据权限对各警种进行开放，达到了资源利用的最大化。

● 三网三平台科学架构

龙里县目前在公安内网、视频专网、因特网上已经完成共享平台、联网平台、社会资源平台的建设。其中，在社会资源平台，除完成对社会资源视频的整合外，还将实现网吧和酒店的身份证登记管理功能，并且将逐步实现对商铺的报警运营管理。随着对更多行业信息的整合，社会资源平台将作为龙里县"智慧城市"的重要数据来源。共享平台，包括社会资源平台，统一使用了海康威视产品对前端资源和数据进行了整合，保障了整个系统的稳定运行。

● 一个平台，大数据挂图作战

龙里县公安局"智慧公安"系统在线视频专网以共享平台为依托，通过海康威视的强有力技术支持对监控视频、350兆集群、终端信息采集设备、车载取证系统、车辆卡口信息、电子警察过车数据、违停抓拍球机数据、GIS地图系统、三台合一系统、社区民警数据采集、车辆人员自动结构化信息、社会资源平台信息进行整合，以警务实战系统为应用，实现了跨警种的大数据分析挂图作战。

两年来，龙里县公安局利用该系统为业务部门提供案件线索2400余条，为群众提供救助服务1170余次，查处交通肇事逃逸案件180余起，破获刑事案件1170余起，直接抓获违法犯罪嫌疑人员300余名。该系统得到了一线民警和广大群众的认可。

● 警务制度建设

龙里县公安局在"智慧公安"系统建设初期就考虑到随着信息化建设的逐步完善，制定一套适合龙里县公安局客观情况的警务制度势在必行。自2014年至今，龙里县公安局紧紧围绕公安部"四项建设"和贵州省公安厅提出的"八项建设"的工作要求，立足"两严，两服务，两提高"这一主线，以深化推进警务机制改革为牵引，以"压警情控发案"为抓手，按照优化、重组、调整的思路，全力实施"犯罪控制机制"建设，派出所建设三年攻坚战、驻村警务、平安连片创建"四大警务"，把警力盘活、资源用好、手段做专、基础抓实，着力构建以信息化牵引、技术支撑、基础反哺、打防控为核心的全域覆盖、立体布局、一体运作、无缝对接的全时空、全方位、立体化治安防控体系。

（2）依托"云上贵州"，助力贵州省精准扶贫。

贵州省地处我国西南边陲，全省地貌可概括分为高原、山地、丘陵和盆地四种基本类型，且高原山地居多，是全国唯一没有平原支撑的省份。由于贵州省地理条件独特、经济社会发展底子薄、致贫因子复杂、贫困沉积较深，因此一直是我国贫困人口数最多、贫困面积最大、贫困程度最高的省份之一。据贵州省公布的最新统计数据显示，截至2018年2月，贵州省有50个贫困县，几百万贫困人口，是全国贫困面最大的省份。到2020年，要实现贫困人口全部脱贫，贫困地区减贫摘帽，任务十分繁重，时间十分紧迫。

要在2020年前实现对所有贫困人口的精准帮扶，单是贫困人口的信息储存工作就是一个异常庞大的工程，更何况扶贫工作中大量的数据需要交换与处理。如果要想推动扶贫开发由"输血式""粗放式"扶贫向"造血式""精准式"扶贫转变，那么在人力资源有限的情况下，利用大数据推进扶贫，探索用数据甄别、数据决策、数据管理、数据考核的精准扶贫方式，对于贵州省来说是迫切需要解决的问题。

随着贵州省大数据产业发展的日趋成熟，大数据发展所产生的协同效应也日益显现。大数据的效能不再只是停留于数据本身，由大数据发展所引发的"扶贫+"理念也在贵州省应运而生。2015 年，在探索扶贫新模式中，贵州省政府打破思维局限，在全国率先提出了"扶贫+"理念。这种基于大数据理念的新思路，以大数据为纽带，将农业、财政、人社等多个部门工作与扶贫工作相融合，开创了精准"找穴"、精准"点穴"的新局面。

基于"扶贫+"理念，2015 年 12 月，贵州省政府在"云上贵州"架设了"扶贫云"，开始探索"云端"扶贫新模式。"扶贫云"集成了精准扶贫的指挥调度平台、责任监控平台、任务监控平台、项目资金监控平台、脱贫管理平台，按照"7+N"朵云的组织构架，建成精准管理的"扶贫云"信息系统，实现扶贫部门与行业部门资源共享、信息互通、工作衔接。在"扶贫云"上可以进行数据动态管理，构筑网络化管理模式，实现贫困乡镇、贫困村、贫困户基本信息动态化、数字化、常态化精准管理。贵州省政府利用"扶贫云"平台的数据采集、数据分析、数据挖掘、数据管理、数据运用等功能，为贵州省各级政府提供决策支持，为贫困群众和社会公众提供信息服务。如图 3-6 所示为精准扶贫架构。

图 3-6　精准扶贫架构

从"扶贫云"平台具体运行机制来看，第一步是利用大数据甄别贫困人口。"扶贫云"采用大数据技术采集、比对内、外部数据，对贫困人员实施全面真实地识别与评估，为扶贫开发工作的规划与实施打下了坚实的基础。

第二步是利用大数据管理扶贫项目和资金。"扶贫云"平台采用大数据技术，在现有建档立卡、项目资金、遍访等内部数据的基础上，充分利用民政、卫计、公安、人社、房管等各行业数据、网络视频数据及互联网数据，全面、动态地掌控扶贫项目实施与资金的使用进度情况，保障扶贫项目精准到位，保障财政专项扶贫资金安全有效地运行，最大限度发挥扶贫资金的使用效益。

第三步则是利用大数据开展贫困监测和评估。通过"扶贫云"平台健全贫困监测指标体系，并采用大数据手段采集与贫困人员、扶贫项目等内、外部相关数据，真实、准确、科学地评估贫困地区、贫困人员状况及扶贫项目效益，为制定科学扶贫政策提供数据支撑。

贫困监测以 GIS（地理信息系统）作为主要展示手段。首先，"扶贫云"平台可以展示省、市、州、县、镇、村包含的贫困人口总数、贫困户总数、贫困发生率及贫困人口构成情况（贫困人口构成按照一般贫困户、扶贫低保户、低保户、五保户组成），这样就能协助各级政府总体了解省、市、州、县、镇、村内的贫困人口情况。

其次，通过"四看法"衡量指标，即一看房、二看粮、三看劳动力、四看读书郎，以饼图的方式，展示省、市、州、县、镇、村的情况。其中，"房"的饼图构成包括人均住房30 平方米以上、人均住房 10 至 30 平方米、人均住房 10 平方米以下；"粮"的饼图构成包括 2 亩以上、1 至 2 亩、1 亩以下、没有耕地；"劳动力"的饼图构成情况包括劳动力占家庭人口数的户数 50%以上、40%、20%以下、没有劳动力；"读书郎"的饼图构成包括没有负债、5000 元以下、5000 至 10000 元、10000 元以上。通过"四看法"展示贫困人口的贫困分值和分布，对不同贫困人口采取不同的帮扶措施。

此外，"扶贫云"平台还能展示省、市、州、县、镇、村贫困人口的致贫原因情况，包括因病、因残、因学、因灾、缺土地、缺水、缺技术、缺劳力、缺资金、交通条件落后、自身发展动力不足等，通过致贫原因分析，协助政府制定精准的扶贫措施。

3.4　利用大数据建立城市智慧交通

在交通领域，由传统的数据采集向电子化设备与高级应用转变，助力交通大数据的形成与发展。从传统的感应线圈和微波雷达等固定检测、基于浮动车的移动检测，像北斗卫星导航系统、智能手机等新型检测手段，以及集约型交通传感器布局和稳定的多源数据融合方向发展。交通大数据为"感知现在、预测未来、面向服务"提供了最基本的数据支撑，是解决城市交通问题的最基本条件，是制定宏观城市交通发展战略和建设规划，进行微观道路交通管理与控制的重要保障。

在各大城市相继建设智慧交通的进程中，各种路测和车载智能传感器及信息化的交通业务系统，产生了大量的车辆信息、道路信息、出行者信息和管理服务信息，包含了城市道路、公路、地面公交、轨道交通、出租汽车、省际客运、公安交通管理、民航、铁路，甚至气象等各类交通数据内容。这些交通数据容量大、增长快、结构多样化，很多数据价值密度低，有待深入处理挖掘。如图 3-7 为大数据在城市智慧交通中的应用。

（1）感知对象。大数据驱动的智慧交通系统具有海量的监控对象。智慧交通系统的感知对象从人、车、路、环境四个方面展开，包括个体出行、营运车辆、交通管理和静态系统等。

（2）全面感知。大数据驱动的智慧交通系统具有多样的检测手段和丰富的数据来源。针对城市交通数据源的分布情况和智慧交通系统的数据需求，以固定检测和移动检测构成的传统交通信息采集系统为依托，拓展交通数据源的类型和数量，增加新型交通数据采集的使用，实现城市交通及相关系统的全面感知。全面感知体现在多样的数据格式和数据类型上。

（3）网络通信。大数据驱动的智慧交通系统具有快速的网络通信。针对交通大数据的实时传输要求，建立有线通信、长距离和短距离无线通信构成的互联互通信道，实现数据源、智慧交通系统、服务对象的数据交互。智慧交通专网作为数据交互的中心，与互联网、政务网、公安网等连接，网络接口具备合乎规范的网闸，以保障网络通信的安全运行。

（4）中心平台。大数据驱动的智慧交通系统具有高效的数据处理、存储、共享与应用。中心平台承担了智慧交通系统的数据挖掘、数据存储、数据共享等功能。数据挖掘以信息论、控制论、系统论为基础，应用交通流理论、交通网络分析、交通工程学等交通基础理论，或建立数据模型描述机理，或应用模式匹配推断结论，构建智慧交通云的体系架构，以云计算、云存储、云共享等新兴技术解决数据处理速度、数据存储空间、数据共享效率等问题。

（5）综合服务。大数据驱动的智慧交通系统具备优质的综合服务。综合服务是智慧交通系统的主要目的，包括基础应用和高级应用。基础应用体现了"感知现在和预测未来"特征，实现多源数据的集成管理，从个体车辆、路段和交通网络等方面进行交通状态的视频监控和量化分析，并对交通态势进行短期和长时间序列的分析和研判。高级应用体现了"面向服务"特征，基于基础应用分析，实施交通控制与诱导、指导特勤任务、稽查布控等警务工作，并为应急救援等城市综合管理提供决策支撑，通过共享发布优化综合服务质量。

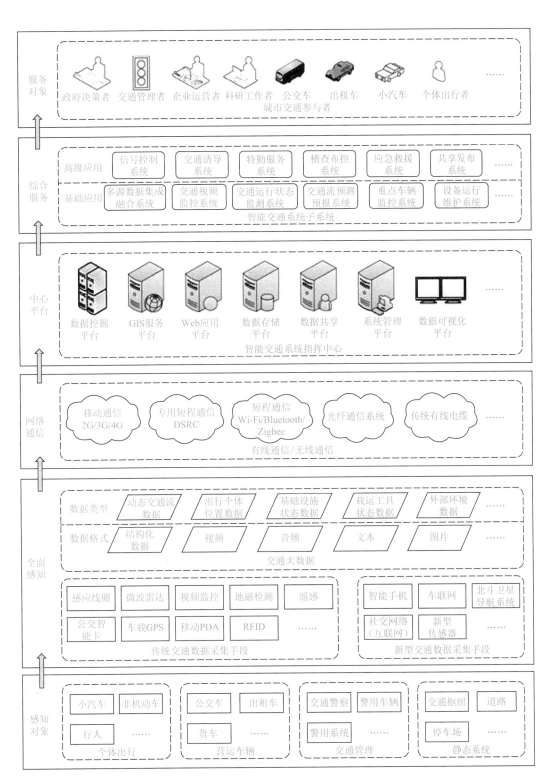

图 3-7　大数据在城市智慧交通中的应用

（6）服务对象。大数据驱动的智慧交通系统具备广泛的服务对象。从智慧交通系统的需求角度分析，服务对象主要包括政府决策者、交通管理者、企业运营者、科研工作者、个体出行者等。

1. 智慧交通解决道路拥堵

随着经济的高速发展，据统计，全世界机动车的增长速度为道路增长速度的 2～3 倍，对城市而言，道路增长远远不能满足居民的交通需求，高峰期间道路交通拥堵状况日趋严重，拥堵区域逐步由中心城区向外围扩散，交通拥堵时段延长，平均车速逐年下降，随之而来的交通环境、交通安全、停车紧张等问题也越来越严峻。因此，改善和治理城市交通拥堵，是建设智慧交通的首要任务。北京市于 2006 年在国内率先开展道路交通评价项目，研究并建立了交通拥堵评价指标体系和评价方法，制定了《城市道路交通运行评价指标体系》（地方标准）。

与城市交通相比，高速交通常利用道路的平均行程速度和固定的判别阈值来估计道路的拥堵情况，应用在高速公路间存在设计限速、日均通行速度等方面的差异性，不能使用统一的固定判别阈值，而需要针对不同高速以及不同高速区间，结合其通行能力来判别。并且，高速公路交通指数以单条高速及该高速不同区间的拥堵情况为评价对象，且制定交通指数时需要反映该高速公路整体与局部的拥堵情况，对于拥堵的变化过程，需要在指数上得以体现。通常，高速公路的通行情况较好，相比于其他城市道路，较少达到严重拥堵状态，因此，需要综合考虑各种拥堵状态对交通指数的影响，并使用加权的方法反映到最终的交通指数中。

基于以上因素，武汉理工大学杨杰等人提出了基于 Storm 大数据平台的高速公路实时交通指数评估方法，将交通指数作为一种相对数，把复杂的交通现象简单化，人们可以通过指数看到这个现象在总体上的变化方向和程度。人们通过交通指数可以掌握城市交通总体上的程度和变化方向，对于车辆驾驶员、政府有关部门和交通管理人员了解交通总体态势具有参考意义。该方法基于 Storm 大数据平台，在海量数据的背景下，实现了实时交通指数估计的完整流程，包括数据预处理、高速公路区间划分、空间拓扑地图匹配、行车路径计算、拥堵状况判断等环节，最后通过"广东交通出行"APP、微信公众号等形式，实时地发布高速公路交通指数，为居民出行提供参考，对缓解道路压力起到积极的作用。然而该交通指数仅是利用道路拥堵里程比例单一指标对高速公路的运行状况进行评价，在未来的研究工作中，如果要建立智慧交通体系，则需要建立多种类、多层次的道路交通评价体系。

2．Google 融合"无人驾驶"技术

大数据技术不仅对交通管理有很大的推动作用，而且对于汽车技术本身，大数据带来的变革也初步显现出来。如图 3-8 所示为无人驾驶功能分布。

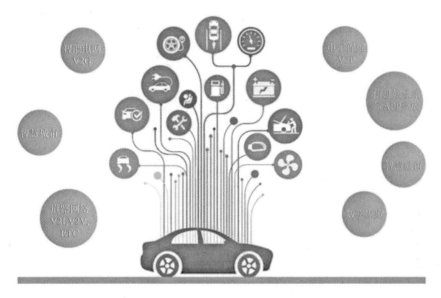

图 3-8　无人驾驶功能分布

2004 年 3 月，美国加利福尼亚州莫哈维沙漠中尘土飞扬，15 辆外观怪异的汽车在沙漠中"怪异"地行驶着，有的车在原地转圈，有的车左摇右晃，还有的车跑着跑着翻倒在地，甚至还有撞上围墙的。

这就是由美国国防部先进研究项目局 DARPA（Defense Advanced Research Projects Agency）举办的第一届无人驾驶汽车陆地挑战赛（Grand Challenge）的场景。该场比赛的设计长度为 240 千米，但是没有一支队伍能够跑完全程。第一名由卡耐基梅隆大学的"悍马"获得，但是这辆悍马也仅仅行驶了 11.78 千米。

2005 年，DARPA 将比赛的奖金由 100 万美元提升到 200 万美元，共有 23 支队伍参赛。最终，共有 5 支队伍穿过尘土到达终点，斯坦福大学的 Stanley——一辆改装的大众途锐，以第一名的成绩完成比赛。

这辆赛车由斯坦福大学计算机系与 AI 实验室教授塞巴斯特安·特龙（Sebastian Thrun）带领自己的学生打造，并得到了大众公司与红牛公司的赞助。在赢得了本届比赛之后，谷歌公司的拉里·佩奇和谢尔盖·布林就找到了特龙教授邀请其加入谷歌并建立一个神秘的硬件实验室，即后来的 Google X。

在一众从事自动驾驶研究的科技公司与汽车公司中，极其引人关注的是谷歌公司，一

方面是因为谷歌公司是一家非常令人敬佩的互联网公司，另一方面则是因为谷歌公司在自动驾驶领域已经处于某种程度的领先地位了——在其他公司都还在进行小范围内部测试的时候，几十台挂着 Gooole Logo 的自动驾驶汽车已经在美国的街道上大摇大摆地跑了好几年。

谷歌公司的无人驾驶汽车采用了与街景车相似的技术，只需向该车的导航系统输入一些信息，它就可以将我们带往想去的地方。谷歌公司的无人驾驶汽车会生成大量数据，有资料显示，谷歌公司的无人驾驶汽车每秒搜集 750MB 传感器数据，并根据这些数据判断行驶方向和速度，监测前方障碍与事故，并且判断突然出现的人或动物。如图 3-9 所示为数字化城市感知。

图 3-9 数字化城市感知

现阶段，绝大多数的交通事故都是由人为因素造成的，包括分心、情绪失控、反应不及时等。而自动驾驶汽车则能够完美地解决上述问题，从而保证了交通安全，并且还能够帮助我们提升交通效率，解决拥堵状况。然而，自动驾驶的普及却仍然面临诸多挑战，包括高精度地图的普及、传感器性能的增强、配套法规的完善及驾驶伦理的设置等。

虽然问题重重，但是我们也都都心知肚明，科技的进步速度往往会超出我们想象，谷歌公司的 Alpha Go 是第一个击败人类职业围棋选手的人工智能机器人，美国已有多个州通过相关的法律允许自动驾驶汽车上路进行测试，科技巨头和汽车制造商们纷纷抛出了自己的自动驾驶计划等。而且基于大数据的分析能力，谷歌公司的无人驾驶汽车行驶的里程越多，得到的数据越多，谷歌公司的汽车将会判断出越多的准确行为，同时也会越智能。所有的这一切都在表明，自动驾驶汽车离我们越来越近。

3. "黔通途"提供智慧交通服务

2014 年 7 月，贵州省交通厅和贵州省高速集团有限公司推出了"黔通途"手机 APP 和微信应用，为公众出行者提供路况、救援、黔通卡会员服务、话务、高速服务区等交通信息云服务。"黔通途"利用高速和城市、公路和水运等优势资源，构建会员服务体系，建设以移动终端应用为主的，涵盖基础服务、智能路况与导航服务、黔通卡会员服务、车务与车生活四大业务服务平台。该系统通过手机 APP 和微信小程序等作为移动互联网端入口，以提升基础服务为切入点，实现引流现用户、发展新用户的目标。"黔通途"手机 APP 可进行公路实时路况查询、路线查询，通过互动功能可实现车辆应急救援、连线高速客服热线电话，并具备天气预报、旅游景点介绍等服务，保障人们"安全出行、精准出行、绿色出行、快乐出行"。"黔通途"手机 APP 系统功能架构规划如图 3-10 所示。

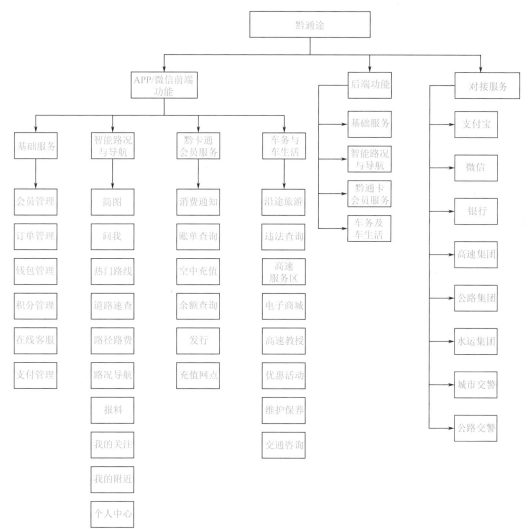

图 3-10　"黔通途"手机 APP 系统功能架构规划

"黔通途"手机 APP 一期主要包括路况简图、实时路况、高速救援、路况导航、路径路费、黔通卡、高速快览、我的附近、服务区、报料、问路况、会员中心、天气预报、景点及特产 15 大功能。截至 2014 年底，APP 发布在 9 个安卓市场和 2 个 iOS 市场，共计下载量约 3 万，在节假日关注数会出现井喷，到 2015 年底下载量达到 15 万，每日访问量高峰达到 3 万用户。经实际运行统计，其中 68%访问来自 Wi-Fi，32%来自于网络（移动、联通、电信用户比例大致为 5∶3∶2）。

"黔通途"手机 APP 后期将具备深度路况与导航、ETC 会员服务与空中充值、车务及车生活等能力，为车主提供极佳的行车体验及用车服务，ETC 会员服务与空中充值，提供车务及人后汽车服务及电商平台；提供软件、硬件和互联网服务的车主服务平台。同时，考虑补充其他高速公路、国省干线及其他相关路况数据，统一全省公众发布途径，通过统一的窗口为公众提供服务。

4."通村村"让农村出行更方便

近年来，贵州省实施"智慧交通云"建设，充分利用"交通+大数据"，加载了一系列优质服务产品，"黔通途"只是其中一个亮点。

在出门之前，黔东南苗族侗族自治州雷山县郎德镇郎德村村民可打开手机上的"通村村"APP，输入行程，查看班车线路，并在网上买票。

2016 年以来，"通村村"APP 在雷山县试运行。项目负责人介绍："村民出行常因错过时间而赶不上客运车辆，导致很多人选择'黑车'，存在安全隐患。'通村村'APP 利用站场资源，实现智慧化客运交通向重点乡村及客流集散点延伸。通过车辆的实时定位、定制化叫车或包车服务、手机购票等，方便村民出行。"

借助"通村村"APP，村民在明确行程后，可以了解班车发车时间、站点、座位数等信息，还可在系统上购票。需要中途上车的村民，在发出信息后，系统会以地图的形式显示距离村民最近的乘车站点，提示需要步行的距离和时间，村民上车支付票款即可。

此外，"通村村"APP 还提供文字或语音叫车服务，系统通过数据计算分析，提供附近出租车信息，并自动计算车辆距离村民的路程，预估车辆到达时间，待司机接单成功后即可确定行程，完成叫车服务。

📶 3.5 依托大数据护航食品安全

食品产业是创造了十万亿元人民币以上产值的民生产业，更是创造了几千万人的就业机会的朝阳产业。对于深受经济新常态和社会发展双重影响的中国食品农业行业而言，根据新常态下的新形势，采取相应的变革与创新也是推动行业增长的重要动力。如今，消费者需求向高端转化，促进了以"健康"等概念为指导的产品创新；不同的食品农业板块表现出现分化；中国食品企业加快产业链横向或纵向整合、优化产业结构，增加市场份额，并且继续推动"走出去"战略的进程不可逆转；快速发展的电子商务与食品行业加速结合。这些变化及趋势对于中国的食品农业企业既是挑战，也是机遇。

2016年底，荷兰合作银行与光明食品集团携手合作，共同发布了《2017中国食品产业发展趋势报告》。该报告分析了全球的宏观经济形势，并对人民币汇率做出预期；讨论了食品行业中消费者需求的转变，以及如电子商务等新业务模式对食品企业的影响；分析了中国食品行业整合发展阶段的现状与特点、从业企业商业模式的变化。报告预测了未来中国食品行业的八大发展趋势。

> 全球经济增长缓慢且伴随风险，人民币汇率波动将给中国食品产业的战略布局提出更高要求。

> 经济社会转型期中，传统食品农业行业及其销售业态面临巨大挑战，竞争加剧。

> 社会发展持续推动消费需求由多转优，消费习惯转变、老龄化、二胎效应将引领未来食品消费市场的增长。

> 日常主副食品消费增长趋缓，品类结构显著升级。

> 市场对包装食品饮料的健康、安全、美味等品质提出更高要求。

> 消费者更加注重高品质的生活方式，西式饮食、进口食品被广泛接受。

> 商业模式转型成为企业发展的重要内容，以适应新的市场机遇与挑战。

> 食品行业产业链一体化进入规模化整合、均衡性发展的新阶段。

目前，大数据在各行各业蓬勃兴起，在这样一种新形势下，面对未来行业发展的趋势和挑战，食品企业需要及时转变思维模式，积极引入大数据，不断拓宽食品行业调研数据的广度和深度，在科学系统的信息数据收集、管理、分析的基础上，提出更好的解决方案和建议，保证企业品牌市场定位独具个性化，满足消费者的不同需求。

获得有安全保障的食品是一项基本条件，食品安全保障不仅是每个人生命安全和健康的前提，更关乎社会稳定和复兴事业。如何将食品安全监督与大数据有效结合，以提高食品安全并最终开创我国食品安全新局面，是产业界、学术界和政府食品安全管理部门亟待解决的问题。随着食品数量的不断增多及类型的不断多样化，食品安全数据开始呈现出大数据的特征，因此有必要采用大数据技术来解决食品安全数据的分析问题。食品安全大数据技术是大数据在食品安全领域的拓展与应用，是开展食品安全监测预警工作的重要技术支撑。

　　食品大数据在来源上主要包括两个方面：（1）食品产品在生产、加工、流通等环节的过程数据，包括生产信息、产品信息、检验信息、仓储信息等；（2）政府职能部门、食品生产企业和消费者、新闻媒体等主体之间交流。如图 3-11 所示为食品溯源系统架构。

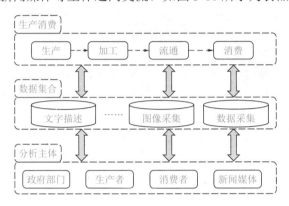

图 3-11　食品溯源系统架构

　　食品安全溯源系统是指在食物链的各个阶段或环节中由鉴别产品身份、资料准备、资料收集与保存及资料验证等一系列溯源机制组成的整体。食品安全溯源系统具有海量数据，其存储数据需要保存相当长的一段时间，用于用户查询；并且食品流通环节很多，包含了生产、流通、运输、零售等，这就导致了数据的多样性。因此，大数据应用于食品安全溯源系统就显得十分必要。

　　作为一家“以追溯为核心业务的数据服务商”，武汉华工赛百数据系统有限公司（以下简称“华工赛百”）认为，食品追溯体系的健全，核心在于“大数据”技术的应用。

　　企业要建立食品安全追溯体系，如图 3-12 所示，首先需要的就是通过信息化手段覆盖从种植/养殖、加工、包装、物流、销售等运营过程中完善记录的各环节的经营数据，以便后续可追溯。食品安全追溯体系对食品的生产、仓储、分销、物流运输、市场巡检及消费者等信息，以及产品名称、执行标准、配料、生产工艺、标签标识等数据，进行采集、跟踪、分析。在这些环节中，既有后端的田间和养殖管理系统，中间的加工与物流运输系统，也有前端的销售和追溯反馈平台，华工赛百指出，这就需要企业食品追溯系统得在一个集成开放性良好的平台上搭建整个追溯体系。而这种集成开放性不仅表现在软件方面，也更需要兼具硬件方面的集成与开放，因为传统的计算机端数据采集方式已然不再适应当今食品行业的信息化需求，因此需要借助更多的信息化硬件设备，以达到快速、有效采集追溯数据的目的。所以，食品安全追溯平台首先要做到的就是功能集成、接口开放，只有这样才能将各环节数据留存系统，以便后续追溯。

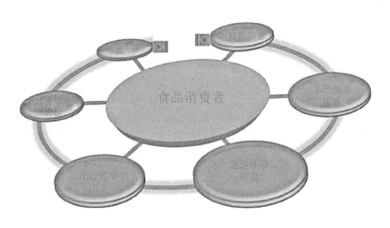

图 3-12　食品安全追溯体系

为此，华工赛百专门为食品企业开发了华工赛百食品全周期追溯系统，该系统提供了"全生产链追溯"的追溯模式，提取了生产、加工、流通、消费等供应链环节消费者关心的公共追溯要素，并建立了食品安全信息数据库。同时，该系统还具有强大的市场数据，以及用户信息采集和处理功能，通过食品安全追溯系统的整体综合运用，将给食品企业的跨国界、跨省市、区域、门店的销售数据进行信息集中管理与分享，起到了良好的作用，为企业未来战略和市场决策提供了全面有力的数据支持。

华工赛百监管赋码系统采用自动化技术、自动识别技术、信息加密技术，为食品行业每件产品建立唯一的"身份证条码"，通过对生产过程中产品赋码及流通信息的监管，实现对每件产品的物流、信息流的监督管理和控制。该系统提供了多种实现方式，如使用移动终端设备的包装方式、使用手工作业的手动包装方式、使用半自动化包装方式及全自动化设备的包装方式等。如图 3-13 所示为华工赛百监管赋码系统流程图。

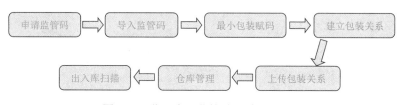

图 3-13　华工赛百监管赋码系统流程图

华工赛百防伪防窜货系统如图 3-14 所示。该系统给食品行业每个产品赋予一个唯一的"身份证号码"，通过出货、退货扫描，记录每个产品的信息和代理商信息，最后通过数据追溯，实现窜货查找、打击窜货的目的。其中，单个产品流向一对一信息全程追踪记录，对各个流通环节的数据记录，为企业打击窜货行为提供强有力的可靠凭证。

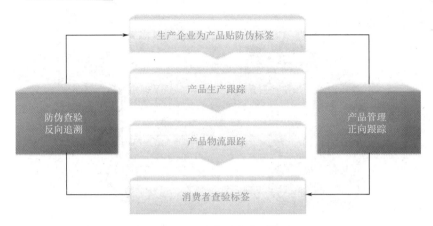

图 3-14　防伪防窜货系统

华工赛百的质量追溯系统对产品在整个生命周期的质量进行系统管理、控制、评价和追溯，以帮助食品行业提高生产率、降低消耗、保持产品质量的稳定及提高产品的质量水平。通过条码技术、工业控制技术和无线网络技术实现工厂物流、生产的透明性。该系统不仅在仓库的物流作业中通过条码数据采集器实现仓储作业的数据采集，而且在生产制作过程和质量检验环节也通过实时的条码扫描获取即时的生产和质检信息。如图 3-15 所示为正向/逆向溯源流程。

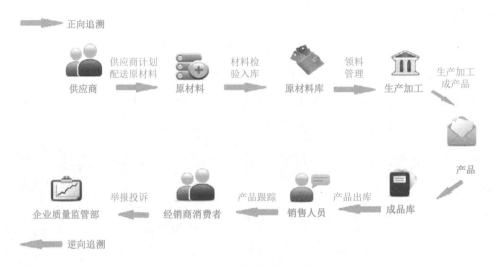

图 3-15　正向/逆向溯源流程

华工赛百仓管管理系统使用 RFID 仓储物流管理系统，对仓储各环节实施全过程控制管理，并可对货物进行数量、规格、日期、存放的库房号、库房区域号等实现 RFID 电子标签管理，对整个收货、发货等各个环节的规范化作业，RFID 技术引入仓储物流管理，去掉了手工书写输入的步骤，解决了库房信息陈旧滞后的现象。RFID 技术与信息技术的结合可以帮助食品行业企业合理有效地利用仓库空间，以快速、准确、低成本的方式为用户提供更好的服务。

华工赛百消费者（营销）系统通过跨界营销、会员积分、红包、优惠等线上线下活动等形式，使食品行业传统的营销活动变得更丰富多样，并且能通过连续扫码、会员积分、连续签到等进行累积扫码，用于对消费者的黏性维护。此外，活动可根据产品、时间、地点快速部署。通过实时监控每个维度的活动效果，品牌可以根据活动报表随时调整活动设置，更灵活、更实时的调整营销策略部署，提升活动效率。

思　考　题

1. 贵州政府已经梳理出七个领域的数据资源目录有哪些？
2. 贵州大数据+扶贫构成的"扶贫云"有哪些平台？

第 4 章 充分发挥大数据商业价值

4.1 小米的大数据之路

小米手机作为中国智能手机市场占有率较高的企业，深受年轻朋友的喜爱。如今的手机早已不是单纯的通讯工具，它更像随身携带的电脑、相机，无时无刻不在产生着海量的数据。在意识到这个需求后，小米就开始做云服务。

现在使用小米云服务的客户已经达到 9700 万人，为用户存储了 405 亿张照片，504 亿段视频，存储量超过 100PB。100PB 放在今天来看可能还不是特别大的数字，但是当每年增长 6 倍，每个月增加量都为 3PB、4PB 时，这个压力将会是空前的。

大数据既是信息化的产物，也是互联网化的产物。它并非是直接延伸出的结果，而是一个全新的行业，或许看起来和互联网行业很像，但其本质是以数据为中心。把数据联通起来应用于大数据行业是未来应该思考的方向。

正因如此，小米对大数据感受非常深刻，2016 年小米定义了"翱义云服务"计划。在该计划里，金山软件的重心将放在开放云服务上，而小米的重心则放在应用层。同时，小米也会从自有的资金里面拿 10 亿美元投资云服务。

与此同时，大数据时代的投入之大已经凸显，但是整个市场的发展却还处在初期阶段，如果没有配套的商业模式，则发展压力还是存在。怎样才能保证大数据的持续发展呢？雷军认为，目前全行业的关键点是如何探索数据的价值，如何挖掘大数据时代的商业模式，这才是今天的当务之急。

4.2 大数据推动电子商务革新

随着电子信息技术的不断进步，电子商务成为时代发展的必然产物，同时也是适应市场需求而产生的交易形式。我国电子商务发展态势喜人，经过十余年发展，B2C 和 C2C 已经成为我国电子商务的主要模式，凭借信息透明、交易灵活、效率较高、价格优势等特点展现出强大的生命力。电子商务主要是指以信息网络技术为手段，并以商品交换为核心内容的一种市场商务活动，它是多方共同参与的一项平台模式，也可以理解为增值网（Value Added Network，VAN），它实现了传统商业活动及其各经营管理销售环节向网络化、电子化、数据化的转变。当前在国内，随着电子商务大数据广泛地应用于社交媒体、智能终端、电子商务平台等在内的互联网第三方服务平台，包括各行业各类型的商品交易信息、社交信息、企业与客户行为信息等，都向着移动性、便捷性转变。

在商业社会下，电子商务是网络技术发展的重要成果，是信息化技术改变人们生活的重要体现。互联网为传统商业的发展提供了新的"助推剂"，其与生俱来的廉价、高效、开放、共享等特点也成为电子商务的固有属性。借助网络的先天优势，电子商务将极大地革新企业的生产经营活动，其带来的思维方式的改变也将为世界经济的运行带来变革，使其产生的价值远非任何一种传统贸易形式可以比拟。大数据的加入使电子商务行业有以下四条新特点。

一是效率更高。借助现代化的通信手段，商业活动可以突破时间和距离的限制，降低了买卖双方沟通的时间成本，使交易的效率得到提高。同时得益于互联网的无国界性，全世界各地的企业、商家、消费者都可以通过互联网交换需求、供应等信息，交易各方获取信息更加方便，为各行各业创造了更多的贸易机会。

二是成本更低。电子商务简化了交易活动的步骤，可以直接对接生产者供给和消费者需求，显著降低了交易中的人力、物力等成本，使商品和服务的价格更低，极大地促进了商业活动的开展。

三是更加开放。在当前社会，谁能抢先一步获得信息谁就取得了商业活动的主动权。尤其对于企业来讲，信息传递的快慢对商机的把握至关重要，越早获得信息，就意味着越早占领市场。互联网的出现引起了信息交换的革命，使得大企业对信息不再拥有垄断优势，中小企业在信息获取上不再处于下风，甚至有机会抢先一步发现商机。并且因为信息交换的快捷方便，得到了商家和消费者的普遍欢迎。

四是体验更佳。通过互联网提供的平台，交易可以通过文字、语音，甚至实时视频的方式直接交流，双方的意见可以充分交换，使消费者的诉求得到充分表达。对于消费者来说，网上购物简单到点击几下鼠标即可解决，免去了购物过程的时间、体力消耗，购物体验大大优于传统卖场。消费者还可以通过网络反馈意见建议，帮助商家及时改进产品和服务，不断提高消费者满意度。

随着大数据时代的到来，电子商务也面临着新的变革。大数据时代的电子商务将通过大数据分析，了解消费者需求并提供个性化、精细化服务，从而不断改善用户的购物体验。消费者的历史活动形成的大量数据，为电子商务企业把握用户习惯提供了参考。通过有效地利用数据资源，转变思维方式，创新服务模式，大数据技术将继续在电子商务产业引发新的变革。根据最权威的研究统计资料显示，我国淘宝网每日新增的交易数据高达 10TB，充分表明了电子商务网站平台上的数据就是一种典型代表的大数据。在大数据时代背景下，为电子商务企业的发展带来非常有利的机遇。

在当前大数据时代背景下，电子商务服务模式革新主要表现在以下几个方面。

（1）强化信息检索，提供个性化服务。

作为公共信息平台，互联网上有海量信息，消费者通过网络可以购买所需的商品、服务，检索是一种较为常用的方法。然而，大数据技术方法的运用，大大提高了信息检索精度，从而让用户可在海量信息中快速找到所需的信息资源。在此过程中，电商企业应不断创新业务，提供服务定位准确度，并对产品进行细分、细化，从而使消费者在浏览网页时精准定位服务，节省检索时间。同时，还要为广大消费者提供个性化服务，及时引导消费者需求，立足于个性化服务水平提高与提供第三方服务的有机结合，深挖导购型服务模式。

电子商务本身也有短板，仅靠视觉、服务及搜索引擎等营销工具进行消费。例如，在销售香水时，用户不闻气味是难以做出购买决定的。对于这一交易瓶颈，电商企业应当抓住大数据竞争特点，深挖数据，以此来创造商机。通过挖掘大数据，可推出个性化服务和导购方式。

一是个性化广告。消费者在浏览网页时看到某公司发布的广告，而且该产品或服务正是自己所需要的，该种现象背后的主要原因在于利用了大数据，通过对消费者的网页浏览分析，向消费者推荐产品。

二是个性化推荐。以京东网、淘宝网等较大的电商平台网站为例，诸多产品使消费者举棋不定，消费者经常反复对比产品、服务的优缺点，并在查看买家评论后，做出是否选择购买的决定。然而，在此过程中消费者非常痛苦，若后台可以对海量的消费者行为信息数据进行及时、全面地分析，并且推荐阶段性产品或服务，则可以有效增加销售额。从实践来看，常用的推荐算法是物品相似度、用户相似度基础上的推荐，而多数电商平台和网站上采用的是物品相似度推荐，如何对消费者的兴趣进行准确度量是一个非常难的课题。

从国内市场来看，推荐业务的网站有"当当""淘宝"等网站，主要针对的是消费者所需，给予他们动态的信息推荐。例如，淘宝网站的核心推荐引擎是消费者在过去某段时间内行为总结，其中包括消费者的收藏商品、喜欢商品及浏览足迹关注的小区和活动区域等。

（2）降低流通环节成本，细化领域服务。

大数据时代背景下的电子商务技术应用，使人们不再局限于时间、空间的约束，也不会出现传统购物过程中的诸多限制，可按照个人的意愿网上购物，商家与消费者之间的交流就会比较多。大数据时代，网络成了一个"地球村"，商家可直面全球各地的消费者。对于各地区、各类型的消费者而言，商家可收集其信息资料，通过数据分析，快速找到与商家相匹配的消费者或消费人群，大大缩减了产品、服务的中间流通环节和成本。同时，还要进一步细分领域服务，并且立足于专业服务、中间服务之间的有机结合，深挖细分品牌电子商务服务模式。

从国内限制来看，可用多方垄断来形容国内电商，如京东、淘宝和当当，它们占据了大半个市场，而中小型电商企业的崛起非常困难。之所以会出现这样的问题，很大程度上是因为物流、营销成本之间不匹配。

在当前大数据时代背景下，我们应当准确把握住垂直细分领域的各个环节，做精、做专，才有机会赢得一席之地。值得一提的是，行业垂直细分的电商网站规模一般都比较小，而且成本相对较低，可以有效发掘和分析消费者的信息资料，从而使之更加专注于为特定群体提供高质量的服务，而且也更能够有效了解产业链上的消费者所需。

以服装行业为例，如麦包包、凡客等公司，在网上已经找到了自己的垂直细分领域，并且与上下游企业共同打造产业链，从而实现了短周转率、零库存，大大降低了运营成本，提高了效率。

（3）保证云信息存储及数据产品服务质量和效率。

大数据时代，电商企业在其发展过程中需要存储、处理大量的信息资料。传统信息资料的存储模式已经无法有效满足新时期电商企业的需求；然而，云存储技术的应用，为其提供了安全、便捷的储存空间和服务。为了满足电商企业的存储需求，科技公司纷纷推出云存储，其功能非常强大，而且信息调用质量、效率及安全性更高，深受电商企业欢迎。

同时，数据产品服务也是大数据时代背景下电子商务服务模式革新的表现，其主要是基于基础服务与自主服务之间的相关结合，充分挖掘数据服务模型。当今时代，数据的重要性不可估量，每一个电商企业都想获取顾客信息，然而传统模式下它们却没有预算、技术解读大数据。在该种情况下，对于那些具有一定平台、资金的电商企业可利用自身优势，将所获得的信息数据进行产品化包装后销售给中小企业，这是电子商务服务模式的基本架构。例如，GNIP 基于若干个 API 的应用，将数据信息集合成统一格式，有利于对新浪微博等网站进行数据挖掘；再如，淘宝网基于专业数据挖掘技术的应用，形成了一个面向商家的数据产品，并且利用淘宝网这一数据开发平台形成的第三方数据进行新产品研发。大数据时代背景下的电商企业，对消费者数据信息的需求量更大，将数据信息构建需要搭接销售环节，将成为新型数据服务模式。

📶 4.3 农夫山泉利用大数据卖水

在上海城乡结合部九亭镇新华都超市的一个角落，农夫山泉的矿泉水一瓶瓶静静地摆放在这里。来自农夫山泉的业务员每天来到这里，拍摄 10 张照片，照片要显示出的信息包括水怎么摆放、位置有什么变化、高度如何……这样的点每个业务员一天要跑 15 个，按照规定，下班之前 150 张照片就被传回了农夫山泉服务有限公司（以下简称农夫山泉）杭州总部。每个业务员，每天会产生的数据量在 10MB，这似乎并不是个大数字。但农夫山泉全国有 10000 个业务员，这样每天的数据就是 100GB，每月为 3TB。当这些照片如雪片般进入农夫山泉在杭州的机房时，这家公司的 CIO 胡健就会有这么一种感觉"守着一座金山，却不知道从哪里挖下第一锹"。

胡健想知道的问题包括："怎样摆放水堆更能促进销售？什么年龄的消费者在水堆前停留更久，他们一次购买的量多大？气温的变化让购买行为发生了哪些改变？竞争对手的新包装对销售产生了怎样的影响？"不少问题目前也可以回答，但回答更多是基于经验，而不是基于数据。

从 2008 年开始，业务员拍摄的照片就这么被搜集起来，如果按照数据的属性来分类，那么"图片"属于典型的非关系型数据，除此之外还包括视频、音频等。要系统地对非关系型数据进行分析是胡健设想的下一步计划，这是农夫山泉在"大数据时代"必须迈出的一步。如果超市、金融公司与农夫山泉有某种渠道来分享信息，如果类似图像、视频和音频资料可以系统分析，如果人的位置有更多的方式可以被监测到，那么摊开在胡健面前的就是一幅基于消费者消费行为的画卷，而描绘画卷的是一组组复杂的"0""1"。

SAP 从 2003 年开始与农夫山泉在企业管理软件 ERP 方面进行合作。彼时，农夫山泉仅是一个软件采购和使用者，而 SAP 还是服务商的角色。而到 2011 年 6 月，SAP 和农夫山泉开始共同开发基于"饮用水"这个产业形态中运输环境的数据场景。

关于运输的数据场景到底有多重要呢？将自己定位成"大自然搬运工"的农夫山泉，在全国有十多个水源地。农夫山泉把水灌装、配送、上架，一瓶超市售价 2 元的 550ml 饮用水，其中 3 毛钱花在了运输上。在农夫山泉内部，有着"搬上搬下，银子哗哗"的说法。如何根据不同的变量因素来控制自己的物流成本，成为问题的核心。

基于上述场景，SAP 团队和农夫山泉团队开始了场景开发，他们将很多数据纳入进来，包括高速公路的收费、道路等级、天气、配送中心辐射半径、季节性变化、不同市场的售价、不同渠道的费用、各地的人力成本，甚至突发性的需求（如某城市召开一次大型运动会）。

在没有数据实时支撑时，农夫山泉在物流领域花了很多冤枉钱。例如，某个小品相的产品（350ml 饮用水），在某个城市的销量预测不到位时，公司以往通常的做法是通过大区间的调运来弥补终端货源的不足。有时会出现以下现象：华北往华南运，运到半道的时候，发现华东实际有富余，从华东调运更便宜。但很快发现对华南的预测有偏差，华北短缺更为严重，华东开始往华北运。此时，如果太湖突发一次污染事件，则很可能华东又出现短缺。

这种"没头苍蝇"的状况让农夫山泉头疼不已。在采购、仓储、配送这条线上，农夫山泉特别希望大数据获取解决三个顽症：首先是解决生产和销售的不平衡，准确获知该产多少，送多少；其次，让 400 家办事处、30 个配送中心能够纳入到体系中来，形成一个动态网状结构，而非简单的树状结构；最后，让退货、残次等问题与生产基地能够实时连接起来。

"日常运营中，我们会产生销售、市场费用、物流、生产、财务等数据，这些数据通过工具定时抽取到 SAP BW 或 Oracle DM，再通过 Business Object 展现。"胡健表示，这个"展现"的过程长达 24 小时，也就是说，在 24 小时后，物流、资金流和信息流才能汇聚到一起，彼此关联形成一份有价值的统计报告。当农夫山泉的每月数据积累达到 3TB 时，这样的速度导致农夫山泉每个月财务结算都要推迟一天。更重要的是，胡健等农夫山泉的决策者只能依靠数据来验证以往的决策是否正确，或者对已出现的问题作出纠正，对未来仍旧无法预测。

这些基于饮用水行业实际情况反映到孙小群那里时，这位 SAP 全球研发的主要负责人非常兴奋。基于饮用水的场景，SAP 并非没有案例。虽然雀巢是 SAP 在全球范围长期的合作伙伴，但是欧美发达市场的整个数据采集、梳理、报告已经相当成熟，上百年的运营经验让这些企业已经能从容面对任何突发状况，他们对新数据解决方案的渴求甚至还不如中国本土公司强烈。

这些问题对农夫山泉董事长钟睒睒而言，精准的管控物流成本将不再局限于已有的项目，也可以针对未来的项目。现在，这位董事长仅需将手指放在一台平板电脑显示的中国地图上，随着手指的移动，建立一个物流配送中心的成本随之显示出来。数据在飞快地变化，好像手指移动产生的数字涟漪。

以往，钟睒睒的执行团队也许要经过长期的考察、论证，再形成一份报告提交给董事长，给他几个备选方案，但是物流配送中心到底设在哪座城市，还要凭借经验来再做判断。但现在，判断成本已经减少，剩下的可能是当地政府与农夫山泉的友好程度等这些无法测

量的因素。

有了强大的数据分析能力做支持后，农夫山泉近年以 30%～40%的年增长率，在饮用水方面快速超越了原先的三甲企业，娃哈哈、乐百氏和可口可乐。根据国家统计局公布的饮用水领域的市场份额数据显示，农夫山泉、康师傅、娃哈哈、冰露的市场份额分别为34.8%、16.1%、14.3%、4.7%，而其中农夫山泉几乎是另外三家之和。如图 4-1 所示为农夫山泉市场份额。

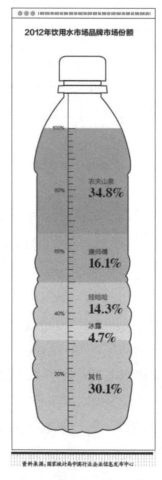

图 4-1　农夫山泉市场份额

4.4　大数据推动移动医疗发展

基于医学和大数据的特点，将两者结合起来后对我们的生活有什么改变呢？

首先，我们可以收集大量医疗数据，包括医生、患者、药品等多个维度。例如，全基因组的信息是海量信息。通过收集、存储、分析，最终产生新的信息知识，就可变成新的财富和价值。财富和价值合理分配后又会促进医疗水平的提升，造福社会。其次，通过大数据的处理，可以使医生能够成功地分析医疗诊断和预见疾病发作趋势，有效管理信息、做出决策、减少失误，使医疗服务更加精准、便捷、高效、低成本。如图 4-2 所示为北京大学健康医疗大数据研究中心数据平台。

图 4-2　北京大学健康医疗大数据研究中心数据平台

医疗大数据是指在医疗行业中产生的数据，主要有四个来源。

1．临床数据

医疗机构的信息系统多而复杂，数据增长非常快，一张 CT 图像大约含有 150MB 的数据，一个标准的病理图有接近 5GB 的数据。以此计算，仅一个社区医院的数据量就可达数 TB 甚至数 PB 之多。

2．制药行业和科研数据

药物研发是数据密集型的过程，中小型制药企业产生的数据量也在 TB 级以上。在生命科学领域中，DNA、基因序列、生物芯片等每时每刻都在产生新的数据（如 DNA 预测每年产生的数据量都在 PB 级以上）。

3．活动报销和成本数据

患者在就医过程中所产生的费用、报销、保险理赔等信息。

4．病人行为和情绪数据

移动可穿戴设备正在不断普及，个体健康信息都能连入互联网，由此产生了海量的数据。

全国各大医院都在尝试利用大数据服务医院建设，北京大学第三医院通过 APP 实现线上图文咨询，建立患者与医生便捷、高效、专业的沟通新渠道，如图 4-3 所示为北京大学第三医院线上诊疗大数据平台。除支持图片、文字等传统医患沟通方式外，该平台还提供

图 4-3　北京大学第三医院线上诊疗大数据平台

语音回复、赠送回复、快捷回复、消息撤回、意见反馈、售后处理等特色功能，此外还可以预约线下号源。利用大数据技术实现医疗资源上下贯通、线上线下系统联动、院内外信息互通共享、业务高效协同，院内外提供医生在线复诊预约挂号、患者病历共享查阅、检查检验报告查询等功能。建立在线医疗服务监管机制，数据全程留痕，可查询、可追溯，满足医务管理监管需求。加强患者电子病历数据在线查询和规范使用，仅限咨询过程中由当前医生调阅。严格保护患者隐私，实现截图水印处理。推行在线知情同意告知及实时消息提醒，明确咨询过程中医患双方的权利、义务及注意事项，进一步防范和化解医疗风险。实行医生身份实名认证机制，系统登录时需使用授权管理下的医生本人手机号短信验证码。

4.5　携程利用大数据推动新兴旅游模式

21 世纪以来，时代与经济的快速发展使旅游越来越成为人们生活的重要部分，由此旅游业也成为世界上增长速度最快、最大的服务产业之一。根据世界旅游组织的研究预测数据表明，全球的国际旅游人数到 2020 年将达到 1614 亿，带来的收益也会超过 2 万亿美元。世界旅游业的发展带动了中国的旅游业发展，中国是一个发展中国家，幅员辽阔，人口众多，使得中国的旅游业发展虽然起步较晚，但发展速度快，具有广阔的前景。2000年，中国的国内旅游和海外入境旅游人数总和为 8.28 亿，总收入 4 158 亿元人民币，但2010 年增长至 22.37 亿人次和 1.5708 万亿元人民币，年均增长率分别达到惊人的 10.4%和14.2%。

全球旅游热促使旅游信息化快速发展。自 20 世纪 80 年代以来，信息通信技术完全改变了旅游的商业模式和结构。特别是近 10 年以来，云计算、物联网、Internet 和移动智能终端等信息技术的迅猛发展让旅游信息化进一步升级，同时也让传统的旅游管理模式、营销模式、游客需求和消费模式发生了颠覆式的变化。信息通信技术彻底改变了旅游组织的效率、旅游市场的驱动方式及游客与旅游组织的交互方式。提供优质的决策服务管理、满足游客多元、实时的个性化需求、提高旅游的消费效率、提高旅游资源和社会资源有效配置和持续利用率等成为当前旅游业面临的最严重挑战。

智慧旅游通过新一代信息技术，充分收集和管理所有类型和来源的旅游数据，并深入挖掘这些数据的潜在重要价值信息，这些信息为旅游管理决策者进行有效管理决策提供服务、为各营利团体利益提升与协作能力提供服务、为充分满足游客个性化需求和更优旅游体验提供服务。智慧旅游的本质是传统旅游的升级。所有的旅游管理的信息化、旅游资源的信息化、旅游经济的优化运作等最终都是为旅游消费者和各利益团体服务，是为了给游客订制更好的个性化服务、提升各营利团体的利益、提高管理决策水平。而大数据时代的到来，也标志着大服务时代的到来，智慧旅游亦是如此。智慧旅游服务的过程就是大数据的收集、储存、管理、挖掘过程，而这个过程中最为关键的是大数据挖掘，其他方面都是为数据挖掘服务。只有通过充分挖掘旅游各类型和所有来源数据的信息，才能更好进行各方利益团体的协作管理、旅游资源的开发和有效利用、人员物资和交通的调度协调、了解游客的行为并提供更优质的服务、促进旅游服务业持续健康发展。

智慧旅游的概念结构如图 4-4 所示。可以看出，信息技术及其数据的前期收集管理是智慧旅游的基础，旅游大数据的挖掘是核心，而最终所提供的三类服务是目的。中国的旅游行业正处于在景区环境的不断建设与改进的过程，越来越多的人受到吸引并参与其中，造就了我国旅游业的快速发展，大数据的应用也受到了旅游行业的高度追捧，有爆发式增长的趋势。

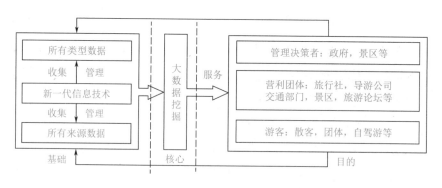

图 4-4　智慧旅游概念结构

携程旅行网（以下简称"携程"）拥有国内外六十余万家会员酒店可供预订，已在 17 个大城市设立分公司，员工超过 25000 人。它向超过 9000 万会员提供集酒店预订、机票预订、度假预订、商旅管理、特惠商户及旅游资讯在内的全方位旅行服务。

携程在旅游电商领域里，拥有一个最大的数据集合，因为携程是有整个旅游产业全链条业务的。例如，机票，酒店，旅游度假产品这都是传统用户都要去预订的。在用车方面，又细分为专车、汽车、自驾车，同时又细分出很多产品，如用户出境之后的全球购，给用户做返税等。此外，携程还有一些消费信贷产品，对用户来说，如果一个大的旅游产品需要花三万块钱，那么可以通过携程做一些消费信贷，可以后面慢慢还，而且也会有比较长的一个免息期。旅游产业链里全链条都覆盖，这是携程一个非常大的优势。携程通过这一系列业务，积累了大量的数据，包括用户数据、产品数据、商户数据。这些数据在整个互联网发展粗放的初级阶段时，用户流量很多，无论放任何产品，都会带来用户流量，这时可能数据威力无法展现，电商企业可能没有那么在意要通过数据驱动做精细化的运营。但是这一阶段过了之后，如果线上流量有很多，那么已经不是放一个产品流量就会来了，而且流量会很贵，这时，数据可以发挥非常大的作用。在支撑做个性化的运营和智能化产品推荐方面，携程所拥有的数据在未来会发挥越来越大的作用。

旅游与气温、水温、天气、社会环境安全等因素有着非常强的相关性，而每个因素都有可能最终成为用户决策的关键性因素。通过大数据，能够聚类到跟用户有同样消费层次，同时有相应的一种行为偏好的人群，他们给用户的推荐对用户才是最有用的。而对于携程来说，整个智能推荐系统，包括算法，都是基于这样的一些理念，它最终能够为业务带来更好的精细化运营和转化。

例如，携程的用户分为两类。有一类是用户已经有了目的地需求，如用携程订一张北京到贵阳的机票，登录 APP 就把这一个预订做完或者订一家酒店。还有一类用户是没有明确的目标，只知道今年暑期要出去玩，去哪里玩还没有定，就要过来查看。对于这些用户来说，他的决策周期特别长，因为他很纠结去哪儿好，会查看许多信息，最后看完之后还是不知道该去哪里玩。为什么呢？很多时候别人说好的一个东西，对你来说不一定好，因为每个人的消费层次和行为特征不一样。例如，有人认为某酒店早餐种类丰富给五星好评；有人认为酒店旁边是火车站，坐火车很方便，给五星好评，但可能这些特点对于你来说不是你所需要的，住进来以后会发现该酒店其实并不合心意。

在智慧酒店解决方案中，携程推出了智慧酒店品牌 easy 住，覆盖用户从入住酒店到离开酒店的整个过程。这一个解决方案包括智能门锁、空气检测、PM2.5 等智能硬件控制设施，而且用户可以通过手机控制。例如，用户到了北京，当天空气很糟糕，可能会选择一个能够过滤 PM2.5 的酒店，在携程 APP 中把有 PM2.5 过滤的酒店专门筛出来，用户用起来会很方便。

同时，系统还能够实现用户的自动入离，酒店前台有一个携程的自动入离机，刷一下身份证，进行人脸识别后，然后就可以直接入住或离店，门锁通过手机就可以开，入住和离店办理时间都会减少。如图 4-5 所示为携程智慧酒店界面。

基于服务品质的升级背后，携程又做了深度智能化。例如，用户的一些非常标准的问题，能不能通过智能机器人的方式解决。一个客服有可能会被多个用户选中，同时服务很多人，用户体验较差。但是有很多标准化的问题，不需要真人在线解答，智能机器人就可以解决。

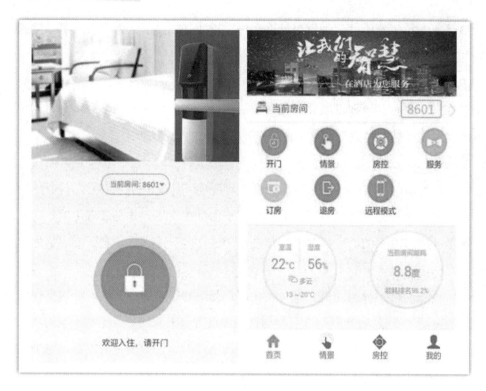

图 4-5　携程智慧酒店界面

思 考 题

1. 电子商务+大数据模式有何特点？
2. 简述医疗大数据中医院数据有哪些内容。

第5章　充分发挥大数据金融价值

5.1　余额宝背后的大数据

余额宝创立之初，一年时间内累积了一亿用户，余额宝无疑是最近几年最成功的互联网金融产品。在这一年中，原本不知理财为何物的千万"小白"用户开始了自己的第一笔理财投资，也养成了每天打开余额宝查看收益的习惯。

余额宝用户每一次顺畅的操作，是余额宝强大的大数据技术在背后支撑。余额宝 1 秒内就可以向 10000 名用户发放收益，每小时可并发处理 3000 万用户的转入、转出请求。余额宝当前每秒最高能同时处理 4000 笔交易，平均每日处理订单约 850 万笔。如果余额宝一天的交易量交由一个业务员来完成，业务员需要不吃不喝处理 10 年才能全部完成。值得一提的是，余额宝监控系统还会 24 小时实时监控系统的运行情况。

金融机构把大量的资金汇集到一起，如果无法很好地运用，就会造成资金使用效率低下，甚至造成理财产品的亏损；如果金融机构过度运用资金，保留的备付金太少，那就有可能会面临挤兑风险。如何把握这个平衡，成为每家金融机构永恒的难题。现如今大数据能够解决这一难题。支付宝在十年时间里沉淀了海量的数据，余额宝通过这些数据能够预测出资金的流动趋势，解决流动性管理的矛盾。据介绍，余额宝资金流出预测系统会每天定时进行业务预测，预测命中率平均为 86%，最高达 97%，预测准确率非常高。

5.2　大数据助力互联网+金融

大数据环境下的金融行业，集合了海量的非结构化数据，通过大数据、互联网、云计算等信息化方式，对客户消费数据进行实时分析，可以为金融企业提供客户的全方位信息，通过分析和挖掘客户的交易和消费信息掌握客户的消费习惯，并准确预测客户行为，提高金融服务平台的效率，降低信贷风险。大数据金融有着传统金融难以比拟的优势，它能够帮助企业更加贴近客户，了解客户需求，实现非标准化的精致服务，增加客户黏性。在大数据金融的帮助下，金融企业还可以完善自己的征信系统，实现信用管理的创新，有效降低了坏账率，扩大了服务范围，增加了对小微企业的融资比例，降低了运营成本和服务成本，从而实现规模经济。

金融大数据的出现有着深刻的经济、金融、技术与政治背景，主要驱动因素包括五个方面。

第一，经济活动金融化是金融大数据产生的内在经济激励因素。现代信息技术、计算技术与网络技术的发展，不仅扩大了人类经济活动的地理与物理空间范围，而且为经济资源的跨期配置和跨地理空间配置提供了技术条件，基于互联网和云计算的经济活动的金融化为经济资源配置帕里托改进提供了新动力和激励机制。经济活动金融化主要表现在三个方面：一是要素市场借贷成为产品生产与服务供给的前提条件；二是产品与服务消费行为受到消费信贷市场引导，跨期消费与消费时间贴现因子（time discount coefficient）成为影响消费行为的重要因素；三是经济交易与支付活动的网络化、借贷化与证券化。

第二，金融交易的数据化从数据增加与规模扩张方面推动金融大数据的形成。大量的金融交易活动通过信息网络和云计算技术完成交易及相关数据处理。金融交易数据化主要表现在四个方面：一是金融产品及衍生金融产品的数据化设计与数据化提供；二是金融交易市场的网络化与数据化，大量的金融交易通过虚拟的网络市场空间完成；三是金融交易方式的虚拟化与数据化，网络在线数据交易已经成为主要的金融交易方式；四是金融交易风险控制与监管机制的数据化。

第三，金融交易数据海量化增长推动金融大数据规模增长。数据搜集、流动、存储与计量网络化为金融大数据的集聚与扩散创造了网络平台。金融交易数据海量化增长是伴随着整个国际社会金融交易活动的海量化增长而出现的，表现在三个方面：一是金融交易存量数据的海量增长；二是金融交易流量数据海量增长；三是各种类型海量数据仓库不断涌现。

第四，大规模金融数据分布式网络化存储技术的发展为金融大数据存储应用创造了技术条件。随着大数据技术特别是信息网络技术、云计算技术、数据挖掘技术的发展，海量金融数据可以通过分布式网络平台进行存储和处理，为金融大数据集聚与扩散创造了数据存储、计算与挖掘技术条件。这主要表现在三个方面：一是分布式数据存储技术扩大了金融大数据存储的地理与物理空间范围；二是网络存储技术发展为金融大数据大规模流动与应用创造了网络通道和流通工具；三是数据挖掘与云计算技术发展提高了金融大数据的处理与计算能力，为金融大数据的高效利用创造了技术条件。

第五，大规模扩张金融数据的全球化。随着全球经济一体化与区域化进程的不断推进，伴随着产品与生产要素跨国流动规模的不断扩大与流动速度的不断提高，国际社会中跨国经济与金融活动规模也不断扩大，金融数据跨国供给、流动、存储、计算与应用规模不断扩大，推动着金融大数据的全球化和区域化。这主要表现在三方面：一是金融数据来源与供给的全球化；二是金融数据需求与应用的全球化；三是金融数据挖掘、计算、处理、交易与应用的全球化分工网络体系的逐渐形成且密度不断提高。从上面分析可以看出，金融大数据的出现有着深刻的经济、社会、技术、市场与制度等多方面的背景，是多种因素共同驱动下的产物。各种驱动因素之间的相互关系如图 5-1 所示。

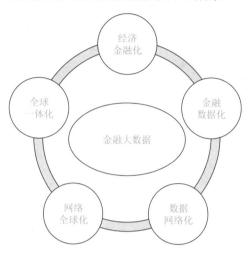

图 5-1　金融大数据驱动因素关系

如图 5-1 所示，驱动金融大数据形成与演变的各种因素之间存在密切的相互影响关系，经济活动金融化既是经济全球化的产物又是全球经济一体化的驱动因素。经济金融化的一个直接后果便是金融活动的数据化，金融活动数据化推动着数据的网络化，数据网络化发展推动着网络全球化进程，而网络全球化又是全球经济一体化的重要内容和推动力量。各种驱动因素的互动影响则加快了金融大数据形成与增长速度，推动着以大数据为基础的大数据金融的发展。

随着大数据浪潮的到来，大型金融机构站在了信息价值链的最好位置。通过为小型金融机构和商家客户提供服务，他们能够直接获得大量的交易信息。他们的商业模式从单纯的处理支付行为转变为收集数据并挖掘其潜在价值。中国银联作为中国银行卡联合组织，处于我国银行卡产业的核心和枢纽地位。各银行通过银联跨行交易清算系统，实现系统间的互联互通。

另一方面，近些年来以余额宝等为先锋代表的金融新模式，凭借其内生的普惠、创新、便民、快捷等特点而抢占金融市场份额，并在与传统金融产业竞争中占据市场竞争优势地位。与传统金融企业有着显著差异的是，这些新模式的金融企业以互联网为信息传媒渠道，以云计算、大数据等新兴技术为支撑，通过减少传统金融业务所赖以生存的金融实体中介机构的方式，来降低金融系统的运作成本，提高金融系统响应客户融资需求的能力，从而为资金供需双方提供高透明度金融信息、低成本运作和便捷化金融服务，是一种新型金融产业运作模式。

在大数据技术高速发展的今天，金融机构必须利用大数据技术提升自身价值，通过对不同的客户群体提供差异化的服务来提高每一位客户的价值。大数据时代消费者开始具备颠覆的能力，产业链的战略节点现在正在加速形成以消费者为中心的产业格局，越靠近最终消费者或用户，金融企业在产业链上就会拥有越大的话语权。借助大数据技术，金融机构可以比以往任何时候都能够更加了解消费者，那些拥有大量消费者并能洞悉消费者行为的公司开始掌控产业链。目前，有些电商企业推出新的产品或者服务并不需要经过冗长的调研、分析、讨论等环节，而是尽可能快地推出产品，在短短两周内，消费者就会在公司网站留下诸如访问、评论、购买、推荐等各种数据，接下来利用大数据技术分析这些海量的数据，评估消费者是否满意这些产品，预判消费者是否会买类似的产品，从而决定这款产品或者服务是否应该继续推向市场，这种决策流程的变化真正地把消费者置于整个企业决策的中心地位。

1. 中小企业融资和贷款

截至 2018 年 9 月底，全国工商注册中小企业数量超过 4200 万家，占全国企业总数 99%以上。中小企业获取银行信贷数量在国家相关政策引导了有所增长，但所占比例与其庞大数量不成正比。《2017 年度中国银行业社会责任报告》显示，截至 2017 年底，银行业金融机构发放扶贫小额信贷余额 2496.96 亿元，支持建档立卡贫困户 607.44 万户，贫困县行政村基础金融服务覆盖率达到 95.83%，较年初提高 2.93 个百分点。银行涉农贷款余额 30.95万亿元，同比增长 9.64%，其中农户贷款余额 8.11 万亿元，同比增长 14.41%，全年实现涉农贷款持续增长目标。截至 2017 年 6 月，21 家主要银行业金融机构绿色信贷余额为 8.22万亿元，其中节能环保、新能源汽车等战略新兴产业贷款余额为 1.69 万亿元，节能环保项目和服务贷款余额为 6.53 万亿元。

传统金融盈利模式在于资金供给者和资金需求者之间存在信息不对称，单笔资金供给者面临着较高的搜索成本、议价成本、合同成本，高昂的交易成本和对资金需求者监督的成本迫使资金供给者寻找代理人，而银行由于其性质可以充当合格代理人，收取资金供给者委托代理成本，也就是银行的存贷款差额。资金供给者根据其风险偏好进行选择，大部分资金供给者成为传统金融机构发展的基石。传统金融盈利模式的根基是存贷款利率差，传统金融机构工作也就是控制好存贷款，由于存款利率没有市场化，资金供给者只能获得固定的收益。传统金融机构注重控制贷款发放，由于资金需求者很难直接获得资金供给者的资金，所以传统金融贷款市场变成了卖方市场。其投资逻辑就是对资金需求者进行去伪存真，去伪存真的基本依据是在保障自身资金安全基础上追求利润最大化。

传统金融机构的利润、费用等构成了中小企业融资的交易成本。中小企业面临着信息成本、市场交易成本较大，可抵押资产较少等问题，能够获取传统金融机构贷款的中小企业其融资成本往往高于大企业 50%左右，这无形中增加了中小企业负担，阻碍了企业发展和壮大。许多创新型企业、轻资产企业、服务型企业、小微企业等很难满足传统金融贷款发放的基本依据，从而无法获得资金。不难看出，传统金融机构盈利模式会导致中小企业融资成本高、融资难，因为相对于资金需求者中的大企业，传统金融机构对中小企业存在信息不对称等问题，传统金融机构在贷款卖方市场情况下，将由于自身盈利模式缺陷导致的增量成本和风险转嫁到中小企业的融资成本中。

基于云计算的大数据解决了传统金融机构资金供给者和需求者之间信息不对称的问题，传统金融机构中介功能和对资金调配主体地位将被逐步弱化，资金供给者和需求者通过大数据金融平台主体形成自发的聚合和快速传播，取代了传统金融机构渠道来进行融资和贷款。互联网金融平台主体打通了资金供给者和需求者的整条价值链，由于传统金融机构存款利率没有市场化，互联网金融平台主体通过较高收益率（借助基金公司或保险公司理财、自金融规模效应等）吸引资金供给者，借助第三方支付平台以较低价格解决了资金供需双方交易成本；通过大数据的挖掘、分析、核查和评定，并借助专业第三方、外包数据等数据中间商增强资金需求者（中小企业）风险的可控性和管理力度，及时发现并解决可能出现的风险点，对于风险发生的规律性有正确的把握，从而选择合理贷款发放对象。

不难看出，大数据背景下互联网金融运作流程，不但解决了资金供给方和需求方之间信息不对称，而且对资金配置更加合理，通过对资金需求方数据分析、项目评定，合理确定融资价格，并由金融平台主体提供担保，满足了资金供给、需求双方需要，具体如图5-2所示。

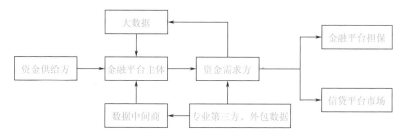

图 5-2　大数据背景下互联网金融运作流程

2．互联网金融的风险控制

互联网同金融相互融合，即为互联网金融，英文简称 IOF，全称为 Internet of Finance。互联网金融是指网络及移动网络背景下的金融服务，具有成本少、合作性好、公开性高、操控简便等特征。网络可以突破空间的约束自由地进行信息交流，更新效率高，信息交流与互动同时进行，信息更新及交换成本低，信息交换趋向于个性化发展，参与者众多。

互联网金融模式在我国的金融市场不断发展壮大，并已逐步发展为现今各种各样的存在形态。然而在其独有的优势背后也蕴含着巨大的风险。互联网金融在很短的时间内就发展到一定的规模，其自身的软硬件设施还没有得到完善，监管部门的管理也没有达到一定的规模，互联网金融模式表面风光的背后带来的风险需要得到监管部门和传统金融领域的重视。

目前互联网金融尤其是网络融资存在较大的人为风险，这是因为网络交易并没有实行实名制，融资方能够掌握的贷款方的个人信息很少，这种信息不对称的问题极大地增加了风险发生的可能性，其风险控制问题比较突出。主流的互联网金融产品如人人贷，阿里小贷款等都采取各自风险控制方式。互联网金融风险控制的要点包括诚信违约风险控制，科技风险控制、业务操控风险控制和法律风险控制等。

1）诚信违约风险控制

无论哪种金融商品都存在诚信方面的风险，它的诚信都离不开团队、个体、政府三者之一的担保。若没人对这一商品展开诚信担保，不管是创新金融商品的公司或是投资人，都存在着将自身活动的效益占为己有而让总体社会担负自身活动风险的可能。这一做法无疑会让金融市场面临的风险愈来愈大。不管现今的网络金融商品具备怎样的虚拟特性和科技含量，终究都是围绕金融这一中心展开的，其归宿从来都不是互联网科技，而是金融。网络金融的中心非金融莫属，网络金融所创新的只是实际金融的方法而并非金融自身，所以，网络金融买卖一样需对诚信的风险加以定位。金融所具备的信息不匹配、交易成本、管理、金融风险等要素绝不会由于网络金融的产生而不存在，相反会更为繁杂，只是创新的形式与体现的程度有所差别。

2）科技风险控制

网络金融是基于水平较高的计算机技术水平产生的，因此计算机网络体系的弊端也决定了网络金融的某些风险。一方面，开放程度较高的网络体系，尚不健全的密钥监管和加密科技，TCP/IP 合约存在的风险，再加上计算机病毒和电脑黑客的进攻，很容易给买卖主体造成一定的经济损失；另一方面，国内的网络金融无论软件还是硬件通常都是从国外引进的，相应的国内自主知识产权的网络金融设施几乎空白，一旦所选的科技出现错误，将很容易导致系统无法正常运转，带来重大经济损害。所以，为减少科技风险，必须提升有关软件和硬件设施的规划与制作能力，逐渐突破国外的科技限制。另外，增强行业内部门之间的交流与合作，设立一致的科技指标，能够有效抑制科技选取风险的反复出现。

3）业务操控风险控制

买卖主体并没有充分理解网络金融的操控规则与标准，造成本可避免的经济损失，进而有可能造成买卖进程中的流动性失误或支付结算的中断错误。买卖进程中出现的错误，不管有意还是无意，对用户和网络金融部门来说，都会增大网络金融发展进程中的风险。所以，必须增大信息披露的范围，创建个人资料诚信系统，创建其更具人性化的计算机网络安全系统，加强网络金融操控规则和程序的普及力度，建立起诚信度较高的网络金融买卖市场。

4）法律风险控制

当前国内有关金融机构、证券、保险方面的法律都是以传统金融业为基础来制定的，无法满足网络金融的发展需求，导致买卖主体间权责不明，在一定程度上阻碍了网络金融市场的深入发展，所以必须加快健全网络金融风险预防的法制体系的建设步伐，确定市场准入退出机制和资产流动机制，设立标准一致的网络金融买卖管理系统，并参考其他国家网络金融法律制定的规则，进一步健全对消费人员隐私信息的维护、电子合约的法制性和买卖证明材料认可等规则，最终形成权责清晰、法理分明的网络金融市场。

3. 信用评估

个人信用评估是对居民个人道德、资产、消费观念等方面观点和能力等综合信息的全面反映，就是通过大数据提取影响个人信用状况的各种信息因素，对消费者个人包括居民的家庭收入与资产、已发生的借贷与偿还、信用透支、发生不良信用时所受处罚与诉讼情况等方面进行分析，再综合整体消费者的行为、所处经济环境等因素综合分析消费者的贷款风险，以便为信贷机构识别借款者、制定消费贷款价格和控制信用风险等提供合理的依据。

个人、企业信用评估是整个社会金融业务开展及信贷审批的关键环节，是信用风险管理的核心。以主观判断和定性分析为主的信用评估模式存在着效率低、成本高、准确性低等缺点，已不能满足个人、企业零售业务快速、多样化发展的需要，大数据环境下的个人信用评估需要应用更多创新的模型。

1）神经网络模型

人工神经网络是 20 世纪 80 年代后期迅速发展的人工智能技术，神经网络是由大量简单的基本元件——神经元相互连接，模拟人的大脑神经信息加工过程，进行信息并行处理和非线性转换的复杂网络系统。

2）判别分析法

判别分析法一般适用于历史数据类别特征明显的情况，即由历史数据确定的类别是具有明显的特征且这些特征是易于与其他类别区分的。但在现实条件下，往往会出现各类别区分度不明显甚至是相互交叉的情况。同时，判别分析法要求数据呈正态分布，因此对于实际中很多尖峰厚尾的数据，判别分析法也失去了考察效果。

3）决策树模型

决策树模型对数据的要求很低，可以用来处理大数据，因此在实际应用中得到更多的青睐。决策树个人信用评估模型侧重于按照一定的指标对数据进行自动分类，模型简单易于理解，但其简化指标的特点决定了信息提取的不充分性。

4．金融隐私保护

金融隐私权是消费者金融信息的隐私权，是信息持有者对其与信用或交易相关的信息所享有的控制支配权。金融隐私权作为金融消费者对其金融信息所享有的控制支配权，是传统隐私权在金融领域的延伸，因此，金融隐私权具备隐私权的一般特性，同时也具有以下特点：

（1）金融隐私权的客体为金融信息。银行对客户的金融信息包括：有关账户的信息，有关客户交易的信息，银行因保管客户的账户而获得的与客户有关的任何信息。

（2）金融隐私权具有较浓郁的财产权性质。金融隐私权归属于隐私权，具有人格权的属性，同时带有财产利益，并慢慢发展成为重要的财产权。这里的财产权性质，一方面指金融信息本身包含了权利主体的财产信息；同时也指金融信息可以成为交易的对象，具有财产价值；此外，金融信息一旦泄露，将给信息主体带来直接财产损失并使侵权者获得巨大利益。

（3）金融隐私权具有较强的积极权能。由于网络空间的形成和人类数字化生存的实现，金融隐私权作为信息性隐私权，其内涵"由独处不受干预这样的消极防御性权利，演变为'支配、控制自己的个人信息，决定如何收集和利用'的积极权利"，具有自我控制、自主支配和自我决定等积极权能。

（4）金融隐私权相当程度上依赖于金融机构提供保护措施。由于储蓄或投资等合同关系的存在，金融信息所有者是金融消费者，但金融信息的掌控者为银行等金融机构。出于对金融机构的信赖，消费者与金融机构形成合同关系，金融机构因此应对金融消费者承担保密进而安全保障义务，以使消费者的金融隐私权免遭公力和私力的侵犯，并采取措施防止金融机构自身对金融信息的滥用。

大数据时代隐私权的侵犯具有侵害方式便捷，侵害手段多样且日趋高科技化，侵害后果严重，保护困难等特点。随着互联网和信息行业的发展、大数据时代的来临，现代化的通讯方式为人们的通讯和信息交流带来了更多的方便，也为金融消费者享受金融服务提供了前所未有的便利，但同时也意味着人们的隐私能被更快捷地泄露和传播。

如今，高级别的隐私侵权行为更注重对各种高科技技术的综合运用，高科技的运用使得隐私侵权日益隐蔽：网络条件下对个人隐私权的侵害，经常成为一种"无形的侵害"，既难找出侵害人，也难找到侵害现场。并且，计算机系统的脆弱性和个人数据的不公开性使个人隐私很容易受到侵害。一方面，从事信息服务的经营者，如银行等金融机构都会不遗余力地收集各种信息，向使用者提供更全面的服务，获取更多的商业利益；一些不法之徒也想方设法地窃取或随意篡改个人信息；某些机关也可能会滥用职权，非法扩大个人信息的收集和存储范围。另一方面，数据主体在不经意中也会泄露自己或其家庭的生活秘密。而个人隐私一旦在网上泄露，就有可能在全球范围内广为传播，且被人无休止地转载、复制，造成的后果极为严重。然而，由于网络的虚拟性，侵害者十分隐蔽，侵害手段高明，加之计算机安全技术有待提高，对个人隐私的保护困难重重。

思 考 题

1．请举例说明余额宝大数据的具体作用是什么。

2．金融大数据的主要驱动因素有哪些？

第6章 充分发挥大数据的工业价值

6.1 什么是工业大数据

以工业领域为例，某流程行业的产业线有 1000 多个测点，但通常要分析一个具体的部件或问题时，可能会选取十几个测点。

如何采集数据呢？当数据变化特别快时，如压力，大概一秒采集很多次；对于变化不是特别快的，如温度，平均 2 秒采集一次。

那么每次采集到的数据是什么数据呢？是一个浮点数，如 4 字节。工业现场可能会存在成百上千的传感器，那么每分钟就可以采集到 1KB 以上的一个数据，由此每年就可以采集 600～700MB 数据。如果采集频率高一些就可以达到 1GB。

这 1GB 的数据就代表着这条产业线上要分析的问题，一年的数据足以代表产业线一年的状态，也就可以称为一个信息量足够多的大数据。

但如果考虑互联网领域，如一个网页通常包含了多张图片等，加在一起可能是 2～7MB 不等，1GB 的数据可能包含 200～300 个网页。但对于互联网领域，这 200～300 个网页发现不了任何问题，因为互联网太浩瀚了，200～300 个网页是极其微不足道的一小部分。

由此可见，我们可以看到这 1GB 数据在工业领域可能就是大数据，但放到互联网领域就不足以称为大数据。因此，大数据的"大"是放在不同场景下来考虑的。

数据质量是工业大数据的灵魂

在工业领域，由于传感器的物理特性、工艺和环境差异会导致很多数据采集并不十分可靠。例如，三个相关联的数据，需要通过两个数据来验证第三个数据是否正确，因此数据质量管理要花费很大的精力，所以对数据传输速度或质量，都带来很大的复杂性，将大数据称为困难数据或复杂数据是更加准确的。

　6.2　"工业4.0"下的工业发展思考

制造业作为国家经济支柱性产业，是我国综合国力的表现，充分地应用和挖掘制造业中的数据逐渐成为行业研究和讨论的热点。制造业具有地理分布广泛，制造类型多，制造过程复杂多样，涉及领域广等众多特点，是社会中最复杂的行业之一，这决定了制造业将产生庞大的数据量，且类型丰富、结构多样、增长速度快，是一个典型的行业大数据体现。以一个的典型的纺织制造企业为例，仅一个制造车间一天的数据量就达到84 GB。在制造业这种庞大的数据量与爆炸式的增长新形势下，传统的制造业技术将不再够用，不能满足制造行业从海量数据中快速获取知识与信息的需求。因此，未来的制造业将引入大数据技术的应用，并会发生巨大的进步与改革。

大数据作为一个平台，能让制造业企业在更大规模平台上开展业务。利用大数据分析工具的最大优势在于有一定的预见性，可以查出包括零件问题，以及生产上和最终运营性能之间可能产生的任何因果关系，从而在源头上杜绝可能发生的任何问题。大数据与制造业的融合给制造业带来了机遇，它能够减少成本和时间消耗，极大地提升制造业的效率，并创造更多的利润。

信息化的普及促使制造企业在生产运营过程中随时都在产生数据，企业还要从外部接收越来越多的来自客户的非结构化数据，这对企业现有的信息化系统构成了挑战，这就需要企业具有通过技术处理、挖掘和管理各种数据的能力，并为企业提供决策依据。大数据在制造业信息化系统运营过程中表现为以下特征：一是数据类型繁多；二是数据体量巨大；三是数据实时产生和更新。

大数据的价值主要体现在对这些蕴藏价值的数据进行专业处理和深度挖掘，通过大数据技术在制造业信息化系统的应用来实现制造业的转型升级。首先，在数据采集层，系统运用数据搜集工具采集制造业生产过程中各阶段的海量数据。其次，在数据存储与应用层，系统通过服务总线和数据服务提供的各种适配器，实现制造业各生产阶段和环节不同子系统的数据交换，并存储到数据仓库中；采用存储技术存储各类非结构化数据，并采用数据仓库和数据挖掘技术进行挖掘分析。最后，在基础平台层，系统搭建成云计算分布式平台，为大数据提供基本的物理平台支持。有关制造业转型升级的过程，如图6-1所示。

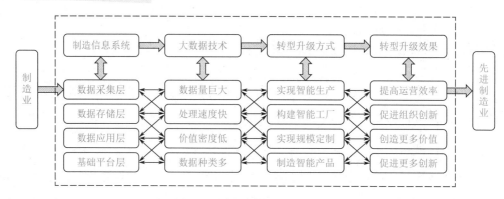

图 6-1　制造业转型升级的过程

制造业大数据的主要来源如下。

● 公开可利用的大数据

这些大数据已经在公共网络系统和数据库中长期积累，可以公开利用。例如，淘宝网或天猫电子商务网站中的用户采购和评价商品的数据，百度搜索引擎中的产品搜索内容和次数等方面的数据，电子商务网站中的各种产品报价数据，大型零件库中的零件三维模型数据等。

● 已有大型网站的后台大数据

一些大型网站的后台大数据比较敏感，涉及许多企业的商业机密和个人隐私。例如，淘宝网或天猫电子商务网站中的用户数据和交易数据，大型零件库中的交易数据和用户数据等。目前需要研究的是如何正确使用这些大数据，使其既满足社会经济发展的需要又不损害企业和个人的利益。

● 已有的企业内部大数据

企业信息系统在多年运行中积累了大量数据。例如，企业资源计划（ERP）、产品数据管理（PDM）、产品生命周期管理（PLM）系统中的销售数据、生产数据、订单数据、产品数据等，企业制造执行系统（MES）中的作业计划和生产现场数据。一方面，企业视这些大数据为机密，另一方面，企业并不知道有哪些新的应用，或者应用时还需要补充哪些数据。

● 需要有序化的大数据

制造业的许多重要数据包括专著、专利和网络文献，以及企业知识管理系统、企业博客、企业微信或企业电子邮件中所积累的大量信息和知识等，这些数据有序化程度很低，因此导致知识的利用效率降低，使"滥竽充数者"有机可乘。这些数据的有序化需要大众参与，特别是一线技术人员参与。

● 需要结构化的大数据

许多制造业重要数据的结构化程度较低，采用计算机系统处理的难度较大，因此需要进行结构化。例如，对于机电类的技术专利正文部分，计算机系统难以自动识别其插图及文字内容。

● 需要建立和培育的大数据

需要建立和培育那些对制造业持续发展非常有价值的数据，如绿色设计和制造方面的数据。这些数据之所以难以获取，除技术原因外，还有人为原因，如一些企业担心"三废"数据公布出来，对自己不利。

目前，我国已经出现了利用云的方式来改造传统的工业形态的尝试，如广东省已经成为全国十个工业云的试点之一。过去的传统制造业以经验为主，凭个人常年积累下来的知识来管理，而随着大数据技术与信息化制造技术的不断发展，制造业正向着集数字化、互联化、智能化为一体的智慧制造方向发展。今后一段时期，大数据必将成为推动中国制造业前进的重要动力，基于大数据网络的一批智慧企业将促进和支撑起我国制造业的可持续发展，使我国制造业的制造更加个性化，更加凸显服务特色，制造过程也更加趋于友好和开源，基于网络的制造也将更加活跃和普遍，制造将成为效率更高和质量更好的活动。如图 6-2 所示为制造业工业云架构。

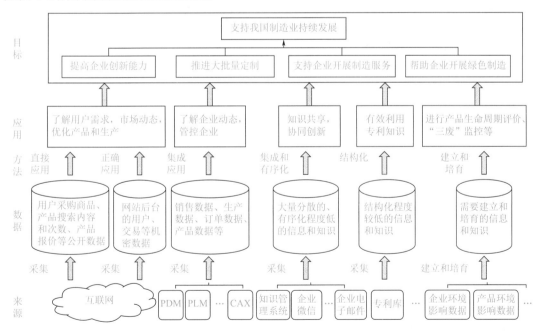

图 6-2　制造业工业云架构

在德国 2013 汉诺威工业博览会上，"工业 4.0"成为制造业流行语。伴随着这一新概念，智能分析和信息物理系统相结合，产生了生产管理和工厂改造的新思路。在过去，大部分制造系统都采用集中式控制方案，并在中央控制机器上独立地进行处理。然而根据这项计划，收集和利用加工数据可以保证正常的生产过程。同时，如果产品质量不符合要求，所收集的数据也可以作为线索找到根本原因。为了实现透明，制造业已经转变为预测生产。

如今在"工业 4.0"工厂，机器连接成一个协作区。这种进化需要使用创新性的预测工具，可以将数据系统地加工成能解释不确定性的信息，以使管理人员做出更多的"知情"决定。适当的传感器装置可以提取各种信号，如振动、压力等，同时也可以收集历史数据用于进一步的数据挖掘。通信协议，如 MT Connect 和 OPC，可以帮助用户记录控制信号。当所有的数据汇总后，这种合并后的数据被称作"大数据"。该转化介质由一个整合的平台、预测分析和可视化工具组成。Watchdog Agent TM 中的算法可分为信号处理和特征提取、健康评估、性能预测和故障诊断四个部分。利用可视化工具，通过雷达图、故障图、风险图和健康退化曲线可有效地传达健康信息（如目前的情况、剩余使用年限、故障模式等）。

伴随着制造业的透明度增加，管理者可以通过掌握正确的信息，以确定工厂范围内的设备综合效率。通过该预测能力，设备通过适时维护可以有效地管理成本。最后，历史健康信息可以反馈给设备的设计者，用于闭环生命周期的重新设计。

6.3 GE 结合大数据建设工业互联网

"工业 4.0"的概念是德国政府从国家战略的角度推出的。在美国，企业从工业互联网的角度来对制造业进行了一个新的解释，并为此提出了"工业互联网"的概念。通用电气公司（General Electric Company，简称 GE）是一个制造型的企业，在全球有 400 多家工厂，在"工业互联网"的前提下，GE 站在自己的角度对智能制造及智慧工厂有了一些自己的认识。

近年来，GE 加速回归工业领域，而"工业互联网"作为智慧工厂和智能制造的核心基础构造则成为该公司的全球战略重点。在过去的两年中，GE 和各个行业的客户都进行了工业互联网试点项目的合作，一同开发技术并探索新的业务模式。相比于德国提出的"工业 4.0"强调的"硬"制造不同，"软"服务恰恰是"工业互联网"的主要特点和最为擅长的能力。"工业互联网"的"软"是指只要现有企业具备基础设施就可以进行数据采集，然后借助数据的分析逐步改进和升级，也就是说"工业互联网"更注重企业现有资产和运营的优化。

2015 年 7 月 7 日，在"工业互联网中国峰会"上，GE 全球董事长兼首席执行官杰夫·伊梅尔特曾在工业互联网中国峰会上宣称："GE 正在开启下一个新工业时代，全球工业也正在通过硬件与软件的结合重新发现增长机遇。"

据统计，目前有超过 300 万个传感器运行在上万亿美元的工业资产上，通过数据分析，每提高单个工业行业 1% 的生产力就将带来至少上百亿美元的效益增长。所以说，GE 正在全球布局的"工业互联网"事业，是试图从工业的源头改变制造业运作方式的数据化应用体系。

2012 年，GE 全球董事长伊梅尔特在美国发表了题为《又一场工业革命》的演讲，提出了"工业互联网"的概念，为人们在庞大的物理世界中描绘了一个由机器、设备、机群和网络组成，能够在更深的层面，以及能力、大数据、数字分析相结合的"工业互联网"远景。

就像伊梅尔特描述的那样，"GE 昨天还是一家制造业公司，一觉醒来已经成为一家软件和数据公司了。"软件开发的布局几乎与"工业互联网"概念落地同步进行。GE 在美国加利福尼亚州圣雷蒙市和中国上海、成都投资了研发中心，以进行工业互联网方面的研发。超过 5000 人的软件工程师和超过 9000 人的硬件工程师支撑了 GE 对"工业互联网"软件的研发能力。

这些工程师们很大一部分的任务就是为各个行业开发工业应用。随之而来的是新的布局，GE 在 2013 年投资了 PaaS 厂商 Pivotal，数据平台能力得到加强，直接促成了目前的数据业务平台 Predix 的问世。

1. Predix 打造 GE 的工业互联网

Predix 是 GE 为工业互联网开发的软件平台，类似于计算机中承载着各种工业需要用到的软件，通过接入设备数据把工业设备相连。目前，GE 推出了超过 40 种工业互联网应用。对于纷繁复杂的工业设备和工业数据类型来讲，Predix 与其说是通过操作系统来运营工业互联网，不如说是为庞大的数据找到了一种相对标准和统一的呈现形式。

通过提供一种标准的方式来运行工业规模的分析并连接机器、数据和人，Predix 实现了资产和运营的优化。Predix 的主要功能就是将各类数据按照统一的标准进行规范化的梳理，并提供随时调取和分析的能力。Predix 可以部署在机器上、本地或云中，Predix 整合了集成的技术堆栈，用来实现分布式计算、大数据分析、资产管理、机器间通信和移动应用。Predix 通过高度可视化的界面、模块化的功能、规范化的数据，简化了工业物联网云应用的开发、交付和销售各个环节，使企业可以获得快速增长的、工业用途的预打包微服务目录，如

RM&D（远程监测和诊断）或业务流程自动化。这个平台让企业可以消费预建服务，开发和销售自己的服务，或者与在线同行和合作伙伴一起采购新服务。

如果说 Predix 平台是工业设备的 Windows，那么 Predix 云就是工业数据领域的 Google。Predix 云有着比 Predix 平台更大的野心，不仅要让购买服务的用户可以调取和分析自己机器设备输出的工业数据，还要让世界上所有的工业设备都连上网络，使所有的工业数据都能够通过分析，支撑机器设备更高效地运转。也就是说，Predix 云要把所有工业设备（并不仅仅是 GE 的设备）整合成一个智能的网络，而最终的结果是提高整个工业体系的效率，将人类社会推向更高的智能化程度。

首先，Predix 云的理念基础是"GE 工业互联网"，基础功能是 Predix 数据平台，而且它自身又拥有云平台的特性：针对机器数据的可延展性让机器数据能够实时存储。互操作性让 Predix 可以和各类云环境的服务和应用无障碍地进行互操作，同时企业还能够根据物理和数据的真实环境有针对性地调整 Predix 云的部署，而一定的门槛又为云服务提供了安全性和稳定性。如图 6-3 所示为 Predix 工业互联网平台。

图 6-3　Predix 工业互联网平台

从 2015 年第四季度起，GE 各业务部门逐渐把他们的软件和分析迁移到 Predix 云，现今，这项服务已经向客户及其他工业企业开放，用于在 Predix 云上管理数据和应用。于是，当发电厂涡轮接入 Predix 云，数据带着上千个零件的运转情况源源不断地涌入云端，分门别类地进行存储和解析，然后成为模型供人们比较和研究。于是，在高度可视化（图形化）的界面之下，数据开始指挥机器，数据不仅反映机器的运行状况，数据也计算出机器运行的最优方案。在美国得克萨斯州一家拥有 273 个涡轮机的风力发电厂，Predix 云已经成功地将该发电厂的年发电量提高了 5%——相当于增加了 21 台新的涡轮机。

当上下游的工业数据纳入 Predix 平台，整个产业就能够达到更深入的整合。例如，在 Predix 平台的数据监控之下，阀门和气压数据监控着天然气从海上平台和页岩气田输入蜿蜒地下的天然气主干网络，高压线路数据则随时反映出人口稠密区沿天然气网络散布着的天然气发电厂的电力输出情况。这些电厂可以并入大型电网之中，也可以在灾难来临时独立支撑附近区域的用电。Predix 也会提示"分布式能源系统"向太阳能或风能电力不足地区提供备用能源。一旦某地的数据因为灾害或事故发生异常，系统第一时间知道哪里出了问题，随着维修人员一同出发的是，经过测算足够维续电力的灌装天然气车队和可现场组装的模块化天然气发电设备……所有这些设施的管道、阀门、运转、预警、联结、交互等一切都在"工业互联网"和大数据技术的监测和管理下保持着精确运行，于是就得到了一个几乎全天候的，精确、稳定、高效的智慧能源网络。

如果将 Predix 延伸到各行各业，则会像 GE 预想的一样，将有超过 500 亿机械设备连入工业互联网，几乎整个工业体系都将能够通过 Predix 梳理、分析、测算、调整自己的运行数据、运行周期，从而提高运行效率。而工业又是我们这个社会的基础，可想而知，整个社会将会发生怎样的根本性变化。在数据的推动下，人们第一次能够脱离"概览"的抽样视角，并拔高到全面又具体的全景视角来了解整个世界，并以此进行优化。人类社会将第一次有可能接近效率的极限。虽然考虑到工程的浩大、迭代的繁杂和突破性新技术的出现，这个设想的实现之路将非常漫长，但仍旧能够让人为之一振。如图 6-4 所示为 Predix 工业互联网设计理念。

图 6-4　Predix 工业互联网设计理念

高端制造业是中国、美国、日本、欧洲各国都力推的热门核心战略，正经历从探索到应用的过程。无论是从工业协同还是从更有利于生态的角度，工业大数据领域都需要制订不同层级的标准和参数指南。GE 正致力于让自己成为一家数字化的工业公司。随着工业互联网布局的展开，似乎工业正在从源头被解构和重建。Predix 的出现是一个重要的阶段性成果，是工业互联网生态圈的界碑。然而，制造业领域还潜伏着庞大的数据盲区，无论对于工业的发展还是人类社会的整体进程来说，Predix 都仅仅是一个开始。

2. 运用大数据，预测飞机发动机何时需要检修

2014 年 4 月，GE 研发中心的工程师韩朝被授予了一项新头衔：航空大数据分析和数字化解决方案部门经理，这是由 GE 中国航空工程技术部门新设立的部门。接下来的一年多时间，他带领着十多人的技术团队解决了一个问题：运用大数据来预测飞机的发动机在何时需要检修。如图 6-5 所示为大数据主力飞机发动机检修。

2014 年 3 月，GE 全球副董事长约翰·赖斯（John Rice）来到中国访问，并与中国东方航空集团有限公司（以下简称"东航"）董事长刘绍勇签署了一份战略合作协议。该协议中的一项内容是双方将分享各自掌握的大数据，GE 将利用这些信息对东航使用的飞机发动机进行分析，而 GE 也是这家航空公司最重要的发动机供应商。这将是 GE 第一次将"工业互联网"应用于中国的航空领域。这家美国的制造业巨头在 2012 年首创了该概念，它希望数字世界与机器相结合，并让后者变得更为智能，而航空业是"工业互联网"最为重要的应用领域之一。

图 6-5　大数据主力飞机发动机检修

在制造发动机外，GE 也提供针对飞机引擎的配套维护服务。从 2000 年开始，这家公司开始为民航客机提供远程诊断的解决方案。当这些客机在万米上空翱翔时，发动机的排气温度等实时运行数据会被传感器记录，并通过卫星传送回地面，GE 的工程师据此判断其运行状态是否正常，并及时提醒航空公司对可能出现的故障进行诊断和维修。

远程诊断也称为应急响应。换言之，只有当发动机出现问题，如某一项参数突破警戒值时，才会被 GE 和航空公司发现。尽管这些小问题并不会直接导致安全事故，但显然，这套略显陈旧的解决方式已不能完全满足航空公司的业务需求。从业者们一直在想办法，让客机运行中可能出现的问题被提前预测，并得到有效干预。"工业互联网"为解决这一问题提供了可能。一台飞机发动机由上万个零部件组成，形形色色的问题都有可能发生，因此两家公司需要寻找一个解决问题的突破口。他们选择了高压涡轮叶片，在发动机维修过程中，这是修理费用最为昂贵的零部件之一。在发动机运行时，高压涡轮叶片将承受近千摄氏度的高温和高压气流的考验。处于这一环境下，高压涡轮叶片一旦接触到空气中的污染物就会发生化学反应，并随着时间推移逐渐遭受腐蚀，从而造成损伤。空气污染物是导致高压涡轮叶片损伤的重要原因之一，而这一因素在我国尤为突出，包括东航在内的航空公司深受其困扰。

为了确保高压涡轮叶片的损伤不影响飞机的正常飞行，航空公司往往采取定期检查的方式，将带有微型摄像头的专业探伤仪器伸入发动机内，并根据高压涡轮叶片的裂纹程度、材料丢失情况判定它的损伤等级。损伤等级将决定高压涡轮叶片下一次接受检查的时间，如果高压涡轮叶片受损越严重，则航空公司检查的间隔时间就会越短，直到它最终达到送修标准。

这并不是一个高效的做法。韩朝的团队希望无须通过人工探伤这种方式，而是通过数据分析提前预判每台高压涡轮叶片的损伤情况。而他们首先需要做的就是要掌握发动机的历史运行"大数据"，这是所有分析和预测的基础，但完成它并不容易。

500 多台 CFM56 发动机每次送修后的维修报告是大数据最重要的来源之一，其中包括零部件更换清单等各类信息。每份维修报告的长度有上百页，幸而东航大部分的发动机服役时间较短，仅经历过一两次大修，因此报告的总数不超过 500 份。

不过，韩朝的团队却遇到了一个不大不小的麻烦：这些由修理厂编制的维修报告都是纸质的，东航提供的是这些报告扫描后的 PDF 文档。对于航空公司而言，这些报告此前除留档和用于一些简单分析外，并没有什么实质性用途，因此也没有人会想到将其进行数据化处理。韩朝的团队不得不承担将维修报告中的重要数据录入计算机的任务，为此，工程师们还开发了一个小工具，用于识别 PDF 图片并转换成文字。而这些尘封已久的报告还存在着数据质量差、相互冲突等问题，需要进行人工校验后才能使用。

大数据的另一来源是 GE 对于发动机的远程诊断数据，这些信息最早可追溯到 2000 年，当时 GE 刚开始提供发动机的应急响应服务。因而，GE 记录并保留了飞机起降时大部分的发动机远程诊断数据。此外，韩朝的团队也从外部获得了部分数据，如客机执飞某条航线时所处区域的空气污染情况等。GE 和东航的合作项目正式启动半年后，这些数据整理工作才告一段落，韩朝的团队为每个发动机都收集了与其高压涡轮叶片损伤相关联的数百个参数数据。在进行筛选后，几个关联度最大的参数被最终确定，其中就包括飞机所执飞航线的空气污染程度。他们使用这些参数建立了高压涡轮叶片损伤分析预测模型，希望据此预测发动机的高压涡轮叶片正在以一种怎样的速度遭受损伤。不同的外界环境，航空公司的日常维护，以及发动机本身的特性都会对此造成影响。

2014 年底，这套模型开始"小试牛刀"，它对多台东航现役发动机的高压涡轮叶片损伤程度进行了预测，而东航也对这些高压涡轮叶片实施探伤检查。两者对比的结果是，依靠模型预测的准确率达到了 80%以上。这让 GE 有了可靠的数据，针对不同的发动机向航空公司提出定制化的检修建议。"我们会告诉航空公司，基于我们的预测模型，这一台发动机应该以怎样的时间间隔检查叶片损伤。"韩朝说，对于每台发动机定制化的检查策略将取代以往的"一刀切"。

此外，基于预测模型的分析结果，航空公司还可以调整航线安排，降低高压涡轮叶片的损伤和报废率，从而降低机队的维护成本。例如，由于经常执飞污染程度较高地区的航线，一架客机所配置的发动机高压涡轮叶片损伤程度会更高，GE 就会提出建议，让其改飞低污染地区的航线。现在，韩朝的团队正在进一步验证现有分析模型的准确性，同时与 GE 总部一起开发新一代的远程诊断平台，新开发的分析预测模型将融入该平台。这样，对高压涡轮叶片损伤的分析将直接通过软件生成，实时提供给航空公司作为参考。而除高压涡轮叶片损伤项目外，还有诸多发动机的潜在问题可以通过类似的分析方式预测。

3. 智能控制与大数据结合让风机更听话

风机制造完毕后，内置的嵌入式传感器就可以联网，它们生成的数据将实时地利用 GE 的 Predix 软件平台进行分析，这让运营商可以监测风机、风电场甚至整个行业编队的性能数据。这些数据提供可能影响性能的温度信息，风机失调或振动信息。更多数据被收集后，这个系统还可以自我学习，使预测能力更强，而且可以避免因风机老化而带来的维护问题……这就是 GE 先进的数字化风场。

让整个风电场的风机变得"听话"，同时提高风电场近 20%的发电量，这就对智能化控制水平提出了较高的要求。

● 风机智能控制作用不容小觑

风机的控制系统是风机的重要组成部分，它承担着风机监控、自动调节、实现最大风能捕获，以及保证良好的电网兼容性等重要任务。它主要由监控系统、主控系统、变桨控制系统及变频系统几部分组成。

"与其他自动化产品相比，由于风电场常常建设在沙漠、海上等十分严酷的环境中，风机组现场运行环境恶劣，风电行业对自动化产品的要求就更为严苛，要求风电控制系统要具有强大的数据存储功能，完善的安全保护功能，以及较强的开放性。变桨系统是风机安全运行的最后一个环节，无论出现什么问题，包括系统掉电、驱动器故障等，都要求变桨系统能完成顺桨功能。"一位从事风机制造的业内人士介绍。事实上，风机控制系统不仅与风机质量密不可分，更与风机发电效率直接挂钩。我国风电领域制造商远景能源公司，为风机安装了 600 多个传感器，200 万行控制代码。与普通风机相比，新风机的发电效益提升了 20%。又如 GE 为 E.ON 公司的 283 台风机通过配备智能风驱软件为风电场增加了 4% 的输出电量。

可见，智能控制系统对于风机组的作用不容小觑。但是目前，只有少量已投运的风机组在应用智能化技术，业内整机制造商开始重视风机组控制系统设计提升，控制系统改进对风电场的效能提升明显。可以预见，风机组控制提升和智能化技术的应用前景非常广阔。以 GE 为例，在 GE 全球装机的 25000 台风机中，可实时监控其中 19000 台风机的运行情况。这 19000 台风机中每年检测的数据可达 1TB。如果再加上客户实时监控的数据，可能要达到几个 TB 的数据量。海量数据的处理和整合给 GE 提供了一个基础，这个分析结果能够帮助技术人员知道如何让风机运行得更好。

专家表示，应加快风机智能控制技术的研发和应用。采用 CFD 计算机辅助设计技术和风机调节数字变频技术将越来越普遍。通过集成应用计算机技术，从而达到风机性能的最优化。

● 应与大数据嫁接

只是控制程序提升远远不够，如何进一步提升风机的控制水平呢？GE 认为数据的透明性是关键。目前的现象是，一些风机制造商采购来的风机部件的信息资料不完整，其原因是出厂的部件资料不详细，风机组编码与部件编码不匹配，没有建立维护清单，没有以风机组为单位的成本数据，没有按部件进行故障分类，没有建立故障率知识库等，导致风机组成本越来越高。为克服这些难题，GE 的技术人员认为智能控制应与大数据相结合。

事实上，近年来大数据在风功率预测、智能诊断、备件管理和风机性能提升上等方面的成效逐渐显现。据刘博介绍，在大数据的前提下，诊断系统可以更加完善，诊断系统在风电场的局域网包含本地程序、本地数据库和 SCADA 接口。远程诊断中心包含了基本数据库，故障诊断专家等。专家表示，在叶片和风机上安装雷达及传感器十分有意义。雷达可监测风的流动性、强弱，再经过传感器来收集各项数据，汇总到云端进行计算分析。控制系统可以集成智能控制、测量技术、数据分析专家系统、主动性能控制和基于可靠性的决策算法等，来帮助提高发电效率。目前，大数据在风电领域已经迈出了重要一步，但当前存在的问题仍不可忽视，将风机、风电场的数据汇集起来并非易事。这些数据分散在风机制造商、风电场业主、系统运营商和运维服务商等多个环节手中，他们能从这些数据中得到利益却无法做到合理分配，所以，有些利益相关方宁愿不分享这些数据。

如果多家风机制造商都公开风机的设计数据，那将是整个行业的幸事，通过交流和分享，风机的设计会有所改善，风机性能会提高。共建并分享运营数据，才能激发数据应用全部潜力。

6.4 长虹建立"无人工厂"

制造业自诞生以来，设备、工厂、车间工人等就是企业的重要资产，但现在这种资产已经大大缩水。一方面，智能化制造彻底将人从疲惫的工厂劳作中解放出来，工厂可以无人化运行；另一方面，当前所有的资产都必须"对象化"，如果脱离目标对象，那么这些资产将无法完成为用户创造价值的职责。从生产主体的维度来看，制造业可以划分为以人为主体的非智能时代，以及以"无人化"为特色的智能时代。前者诞生了福特模式和丰田模式两种生产模式，后者还在发展过程中，产生了如长虹智能制造等模式。在生产逻辑上，福特生产模式诞生于机械极度短缺时代，该生产模式以企业为中心，用户不明确，通过流水线作业实现大规模生产。在这一阶段，人是机器的奴隶。丰田生产模式诞生于供过于求的市场背景下，即先有需求（订单）再生产，并以减少浪费为核心改造生产线。此时，人机协作成为工厂作业的主要方式，人是机器的附属。

进入互联网时代，智能化浪潮引发了一场从"人为器役"到"器为人役"的革命。工厂内只有机器在工作，没有空调、风扇，工人及为其而存在的附加设备都撤下来，人彻底被解放出来。在这种生产模式下，制造个性化生产和自动化生产成为主流，劳动成本也变得越来越无足轻重。因此，贴近消费需求成为非常重要的因素，对市场需求有快速的反应能力成为影响产业竞争力的核心问题。

在这个以互联网技术为中心的时代，智能化正在席卷一切。被称为世界"制造中心"

的中国，正在德国率先提出的"工业4.0"概念的基础上，开始一场规模空前的工业革命。其中，最显著的莫过于家电企业纷纷向无人工厂、智能制造转型。四川省绵阳市的长虹电视（以下简称"长虹"）拥有亚洲最先进的电视生产线，以IE作为顶层设计，设计完线体、厂房之后再加入自动化、信息化内容，可同时生产八款电视，平均5.5秒下线一台电视。长虹利用信息化手段跟踪生产流程，加工、物流、传输、检测等全都采用自动化，达到了无人生产的状态。如图6-6所示为长虹无人工厂。

图6-6　长虹无人工厂

长虹致力于推动全产业链的智能制造。业内人士认为，长虹的信息化已全面覆盖了制造、物流、财务、营销、研发等运营环节。在"智能系统管理平台"中，从互联网、大数据、云到智能制造、智能研发和智能交易各个环节相互贯通，生产设备不再是过去单一而独立的个体，信息在不同的设备之间"流动"，此时长虹的智能制造不再仅限于整机端，而是具备全产业链的"智造"优势。

与此同时，长虹实现从内部协同向产业链协同的演进，既减少了无谓的内耗，也可以根据用户需求整合资源进行个性化定制，5年后将只生产定制家电。有消息称，长虹将打造"透明工厂"，实现个性化定制的可视化，让消费者在定制家电产品后，可亲眼见证其诞生过程。

在智能战略下构建以大规模定制为基础的智能制造。长虹以自动化、信息化等为核心建设高效的智能制造的系统，并通过装备自动化和生产信息化，从硬件和软件实现产品制造，提高供应链管理水平和制造效率。

　　未来，长虹将有更多"无人工厂"出现。目前，在信息化与 IE 的帮助下，长虹的整个工厂实现智能管控，工人减少三成以上，生产效率提升 30%。其中，模塑公司实现了国内家电行业中率先使用 DOE 优化注塑成型参数，并推广应用至其他产品，平均缩短成型周期 8%。

思　考　题

1．大数据在制造业信息化系统运营过程中表现出什么特征？

2．简述如何利用大数据实现无人工厂。

第7章　充分发挥大数据的生态价值

环保大数据的建设，即充分运用大数据、云计算等现代信息技术手段，整合环境、经济、行业等数据资源。大数据、"互联网+"等信息技术已成为推进环境治理体系和治理能力现代化的重要手段，环评数据资源必须实现向大数据的转变，并加强管理与应用服务的创新，才能更好地服务于环境管理并支撑环境质量改善目标实现。

2016年，我国环境保护部（现称"生态环境部"）组织编制印发了《生态环境大数据建设总体方案》，提出为落实党中央、国务院决策部署和部党组要求，充分运用大数据、云计算等现代信息技术手段，全面提高生态环境保护综合决策、监管治理和公共服务水平，加快转变环境管理方式和工作方式。通过生态环境大数据建设和应用，未来五年将实现以下目标。

> 实现生态环境综合决策科学化。将大数据作为支撑生态环境管理科学决策的重要手段，实现用数据决策。利用大数据支撑环境形势综合研判、环境政策措施制定、环境风险预测预警、重点工作会商评估，提高生态环境综合治理科学水平，提升环境保护参与经济发展与宏观调控的能力。

> 实现生态环境监管精准化。充分运用大数据提高环境监管能力，助力简政放权，健全事中、事后监管机制，实现用数据管理。利用大数据支撑法治、信用、社会等监管手段，提高生态环境监管的主动性、准确性和有效性。

> 实现生态环境公共服务便民化。运用大数据创新政府服务理念和服务方式，实现用数据服务。利用大数据支撑生态环境信息公开、网上一体化办事和综合信息服务，建立公平普惠、便捷高效的生态环境公共服务体系，提高公共服务共建能力和共享水平，发挥生态环境数据资源对人民群众生产、生活和经济社会活动的服务作用。

7.1　大数据监测环境污染，辅助节能减排

近年来，环境问题日益成为我国社会关注的焦点。在2016年EPI报告中，中国空气质量依然在180个参评国家中位列倒数第二，是世界上空气污染最严重的国家之一。近年来，我国空气质量有所改善，2013—2016年全国平均PM2.5指数从72.2下降至49.99（$\mu g/m^3$），年均下降率达8.8%。从地区上看，京津冀及周边城市在治理雾霾方面取得了一定的成绩，

但依旧是雾霾爆表的高发区域，PM2.5 年均值直逼 $100\mu g/m^3$，接近世卫组织限值标准 10 倍。以近四年的下降速度计算，这些城市空气质量达到国际标准仍需要 7～8 年时间，达到 WHO 标准所需时间更是长达 17 年左右。可以看出，我国近几年空气质量有了一定改善，但程度上远远不够，多地仍会不时出现雾霾爆表的情况，媒体、民众对环境重视程度更是越来越高。因此，中国在治理雾霾方面还有很长一段艰难的路要走，亟需政府继续坚定解决环境污染的决心。

过去，空气质量状况的来源只能依靠各地空气站点，各站点间缺乏互联互通，一旦某地缺乏足够的空气质量监测点，空气质量的具体数值就无法获得。地面空气质量监测站的位置又是按照行政区域划分设置的，往往数量有限。以北京市为例，六环以内共有 35 个空气质量站点，但仍无法反映整个北京市的空气质量状况，因而空气质量预测也总是难以尽如人意。

如今，针对这一难题，生态环境部信息中心与微软（中国）有限公司合作开发了城市局地大气主要污染物时空分布大数据模型——U-Air。该模型主要通过融合两类数据来实现，第一类是地面监测站的空气质量监测实时数据和历史数据，第二类是空气质量相关性数据，包括交通流、道路结构、兴趣点分布、气象条件和人们流动规律等大数据，用基于机器认知的算法就能建立一个数据模型。通过 U-Air 记录的数据建立的模型，可以分析和预测城市细粒度 1km×1km 范围的空气质量，这对监测的精度是一个质的飞跃。

伴随着监测精度的提高，预测的准确度也大大提升。在这一模型中，用户可以查看任意点位之前 6 小时的空气质量状况，并预测未来 6～24 小时的趋势。目前，U-Air 已在 60 多个城市进行验证，平均准确度比传统方法高出七个百分点。北京市的准确度可以达到 75%，广州市和深圳市可以达到 80%。实时监测每一寸土地，破解了以往监测站点易受附近环境影响、没有污染源排放清单和排放边界不太清楚的难题，准确度的攀升，也提高了不同区域受众对监测结果的信任度。

未来，U-Air 将可以提前预测 1～5 小时的空气质量，以帮助人们更好地计划自己的生活，如什么时候去哪里慢跑，什么时候应该关窗户，什么时候应该戴口罩。更准确的数据，能带来更大的实用性，而所有这些计算只需花费几秒，大大节省了以往监测中消耗的人力、物力、财力。

通过大数据分析最重要的应用领域——预测性分析能力，U-Air 从大量复杂的数据中挖掘出规律，建立起科学的事件模型；工作中只要将新的数据带入模型，就可以预测事件的未来走向，这对以往的监控和预测逻辑来说，是一个全新的概念。

目前，我国已经设置贯穿国家、省、市、县四个层级的 5000 余个监测站点，环境空气质量监测网已经建成，并已开始实时监测大气质量。2018 年底，我国所有地级市全部具备新标准监测能力，并可实时发布常规 6 项指标监测数据和 AQI 值。据有关报道，2019 年 7 月 15 日，中国环境监测总站联合中央气象台、全国六大区域空气质量预测预报中心和北京市环境保护监测中心，开展 7 月中下旬全国空气质量预报会商。报告显示，2019 年 7 月中下旬，全国大部地区扩散条件总体较好。华南、西南区域大部和东北区域北部以优良为主，局部地区可能出现轻度污染；京津冀及周边、长三角、西北区域大部以良至轻度污染为主，局部地区受高温、强光照等影响，可能出现臭氧中度污染。

● 企业监管：可视化、全程化、远程化

大数据、云计算、互联网、物联网……这些新技术运用于企业的监管，与环境保护产生了新的化学反应。例如，苏州市姑苏区的"油烟+噪声+扬尘"云平台监管。姑苏区位于苏州市老城区，以三产服务业为主，与工业企业一般不会任意搬迁或关闭不同的是，餐饮企业开业和倒闭相对频繁，每天的运作也更为细微、繁杂、瞬时，传统的监管模式——线下备案、污染监管已经无法解决这一难题了。当地环境管理相关部门为此开发了一套 3G 云平台环境管理系统，专门为监管那些小细杂的污染源提供了"千里眼""顺风耳"。

以油烟监控系统为例，在一家企业食堂的油烟管道上装上两个探头，一个在油烟入口监测净化前的数值，另一个在油烟出口监测净化后的数值，它们都直接连接环境管理部门的在线监管系统，系统对比分析收集的数据，直观地判断出企业排放是否达标。点开云平台地图，密密麻麻、红绿灰不同的点位都代表了各个企业，点击关键点数值，还可以看到一天内油烟浓度变化的统计曲线图。不同的颜色代表了不同的状态，绿色表示已经开始营业并且油烟在线监控设施也在正常使用，灰色表示还没有营业，红色代表油烟排放浓度已经超过国家要求的 $2mg/m^3$ 或油烟管道需要进行清洗。如果一家企业"掉电"5 天，就可基本判定它已经关闭营业了。

通过大数据技术，可以实现污染源企业的精准锁定，有效管理污染源企业。在污染源的生命周期过程中，对于每个节点所需要的每一类数据，都可以进行搜集分析，形成基于污染源管理的数据资源分布可视图。这就如同"电子地图"一般，将原先只是虚拟存在的各种点，进行"点对点"的数据化、图像化展现，使得环境管理部门的管理者可以更直观地了解污染源企业。

另一大优势是对企业污染的全程化与远程化监管。全程化是指实时，从企业诞生开始，只要安装了相应系统，就可实现在线监测；远程化是指无须到场，管理者也能对企业污染了如指掌。在线监管比手工监测花费的时间和成本更少，得到的监管品质却更优秀。东长天思源环保科技股份有限公司负责人曾昭健表示，这种实时全程、在线远程的监管模式，正抓准了大数据针对企业污染监管的"痛点"，能够倒逼企业主动环境守法。企业及早知道自己的污染排放情况，就能及时进行把控。利用污染源监控大数据，打造可视化、全程化、远程化平台，政府部门就能及时掌握企业的运行情况，公众舆论也能借助互联网对企业排污形成巨大压力，督促其有效治污，这些都是借助"互联网+"和大数据的春风得以实现的。

有专家建议国家启动"环境监测大数据工程"，以从根本上提升环境质量监测数据综合分析的能力和水平，利用云计算、数据挖掘、多元统计分析等技术，开发环境质量监测数据综合分析工具与多维可视化表达工具，同时构建一体化环境监测大数据云服务平台，实现从监测信息到监测服务的跨越。如图7-1所示为环保监测大数据技术框架。

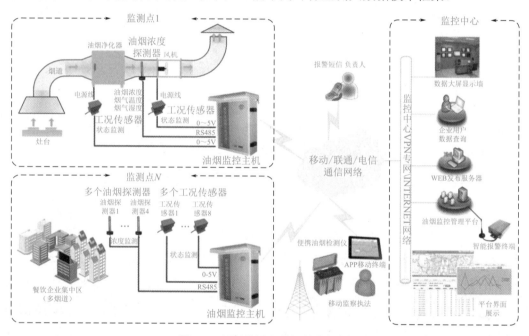

图7-1　环保监测大数据技术框架

● **数据信息：开放化、众包化、集约化**

随着信息技术日益完善普及，特别是新《中华人民共和国环境保护法》的实施将为有力打击环境违法行为提供重要的法律支撑，"线上数据+线下执法"的模式配合大有可为。在推动环境改善驱动因素由政府向全社会延伸的过程中，环境相关信息及数据的价值将得到显现。

公开的信息、开放的平台，催生了数据来源的众筹众包。未来政府将转变为"接单员"的角色，更多地借助市场和公众的力量参与环境保护，开展环境管理工作。目前，这一全新理念已在贵州省落地生根。贵州市民应用"随手拍"对污染信息拍照后直接上传到政府部门，政府则根据公众的举报进行处理。原来仅靠环保部门完成的事情，现在可以由社会一起分担，既节约了财力、物力、人力，也调动了社会参与的积极性。共同挖掘数据的模式，实现了环境数据采集的众筹众包。

海量环境数据的开放众包还只是第一步，未来各部门环保信息开放融合会更主动，信息孤岛将会消失，形成环保行业大数据。对于技术力量薄弱的部门，集约化将为各单位提供统一的技术标准，实现互联互通，实现从无到有的跨越，这对环保管理中各部门各处室间的协同工作来说，是一种深入骨髓的革新。2015 年的世界环境日，是广西环保 APP 的诞生日。随手点开南宁市青秀区的一家糖厂，企业法人、联系手机、企业目前生产情况等基本信息一目了然，下拉屏幕，则可以看到氨氮、COD、pH 值等详细的监测数据。以前，广西壮族自治区环境监察总队接到群众举报，需要去环评处了解污染源的环评情况，去监测处掌握企业污染源监测数据等。现在只要打开广西环保 APP，就可以查询其他处室掌握的所有情况，执法需要的相关数据一目了然，大大提升了处置违法举报的效率。如图 7-2 所示为广西环保 APP 举报界面。

图 7-2　广西环保 APP 举报界面

7.2　大数据监测灾害，实现精准防灾救灾

2019 年 5 月 12 日，是我国的第十一个"防震减灾日"，同时也是"5·12"汶川地震的九周年纪念日。我国每年因受到各种自然灾害造成大量的人员、经济和财产损失。在全球气候变化的背景下，我国自然灾害损失不断增加，重大自然灾害乃至巨灾时有发生，我国

面临的自然灾害形势复杂，灾害风险不断加剧。2018 年 4 月，中华人民共和国民政部、国家减灾委办公室发布了 2018 年第一季度自然灾害基本情况，期间我国自然灾害以风雹、低温冷冻和雪灾为主，地震、干旱、洪涝、山体崩塌、滑坡、泥石流和森林火灾等灾害也有不同程度的发生。各类自然灾害共造成全国 1272.2 万人次受灾，53 人死亡，2 人失踪；5.4 万人次紧急转移安置，16.2 万人次需紧急生活救助；近 3000 间房屋倒塌，6000 余间严重损坏，14.1 万间一般损坏；农作物受灾面积 1241.4 千公顷，其中绝收 69.8 千公顷；直接经济损失 196.7 亿元人民币。总体来看，2018 年第一季度全国自然灾害主要有以下特点：低温雨雪冰冻灾害集中发生；南方多省遭受风雹灾害；地震灾害造成一定影响。

2016 年各类自然灾害共造成全国近 1.9 亿人次受灾，1432 人因灾死亡，274 人失踪，1608 人因灾住院治疗，910.1 万人次紧急转移安置，353.8 万人次需紧急生活救助；52.1 万间房屋倒塌，334 万间不同程度损坏；农作物受灾面积 2622 万公顷，其中绝收 290 万公顷；直接经济损失 5032.9 亿元人民币。总体来看，2016 年灾情与"十二五"时期均值相比基本持平（因灾死亡失踪人口、直接经济损失分别增加 11%、31%，受灾人口、倒塌房屋数量分别减少 39%、24%），与 2015 年相比明显偏重。

预测灾害、监测灾害、在灾害发生时做到及时救灾、尽可能降低灾害损失，是政府和广大人民迫切希望的。古人通过夜观天象来预测灾难，进入现代社会，依靠科学依据预测灾害更加准确。随着信息革命的深入，大数据时代的预测将更具可操作性和确定性。

现代对灾害进行监测和预防的部门，包括气象部门、地震局、消防部门等，每天都在面对着非常大量的数据。在这些庞大的数据库中，储存了海量的数据信息。以气象部门为例，其数据库中可能囊括了全国 2000 多个地面站、120 多个高空探测站、6 颗在轨卫星、5 万多个自动监测站、600 多个农业监测站、300 多个雷达站等采集的海量信息。作为防灾减灾的核心部门，气象部门如何利用如此庞大的数据群来对天气和灾害进行精准的预测就变得非常重要了。近些年，随着大数据技术的发展和推广，通过建立起来的海量信息、存储与分析体系，能够让我们更加理性地看待自然灾害，更加有效地预防灾害所带来的人员和财产损失。

1. 应用大数据遥感，实现灾害预测分析

灾害的监测遥感技术是近些年气象部门重点研究的方向之一，有业内专家指出，该技术对于自然灾害频发的国家和地区而言尤其具有价值。我国近年来遭遇了多次地震灾害，与震前预测相比，灾后震区的遥感数据监测，可更充分地测算和解析大数据海量、异构、多源的外部特征，以及多维度、多尺度、非稳定的内部特征，从而对地表、环境、地震本

身数据进行充分测算和解析。

所谓遥感大数据，是指通过各种遥感技术获取得的遥感数据集，具有典型的大数据特征。遥感大数据以海量遥感数据集为主，综合其他多种来源的辅助数据，运用大数据思维与手段，聚焦从多种来源、多种介质、多种频段、多种分辨率的海量遥感数据集中获取有价值信息。遥感数据是快速、直接获取观测目标信息的重要技术手段，在国土资源、农业、林业、军事国防等领域具有广泛的应用。遥感传感器是采集数据的数据源，是遥感领域大数据应用的基础，能够获取的观测范围越广越好、物理信息越丰富、信息层次、尺度、类型越多越好，这也是大数据对遥感数据采集的必然要求。进而通过构建立体、多源遥感系统数据库是大数据发挥价值的数据平台，这主要包括两方面：一是遥感数据采集传感器系统，现实需求和技术的发展促使遥感数据的获取逐渐向多源化、分布式的方向发展，主要是依赖各类航天、航空甚至是地面的遥感器，提供多样化的原始数据；二是数据库平台，专业化的数据获取与多源遥感数据的综合应用需要将不同遥感器获得的不同类型、不同角度、局部的信息进行统一的管理。

遥感数据传感器系统按层次主要可分为三层：①单个的遥感传感器；②一类传感器组成的完成某一特定类型或功能数据采集的遥感传感器系列，如果相互之间存在协调融合就组成了一个系统；③有不同遥感传感器系列或系统构成的更大、更复杂的遥感体系。随着技术的发展，获取遥感数据的单个传感器能力更加专业化与精细化，并向高空间分辨率、高光谱分辨率、高时间分辨率、多极化、多角度等方向发展，随着指标的不断提高，丰富了各物理量信息量。

遥感传感器一般都借助于一个平台，即先进的卫星观测系统，包括综合卫星平台、小卫星星座、全面一体化的观测综合系统。未来的传感器搭载平台是由高中低轨道上的大小卫星平台和高中低航空平台相辅相成，天地一体化、全球化、立体、多维、多源的观测系统，信息的获取依托于多种类型航天、航空遥感平台，利用可见光、红外及微波等多种探测手段，多方式获取遥测数据的过程。遥感技术框架如图 7-3 所示。

1986 年，中国遥感卫星地面站的建立标志着中国的遥感应用进入了新的纪元。其中，仅美国陆地卫星 Landsat TM 和 ETM 影像就有 63 万景左右，时间跨度为 1986—2011 年。Landsat 8 也于 2013 年发射升空。这些卫星数据以合适的空间分辨率记录着人类活动和自然变化，成为最长时间系列的星载陆地观测数据集。截至 2013 年，我国已经成功发射了近百颗卫星，初步形成了资源环境、气象、海洋三个系列的遥感卫星体系，正在运行的资源卫星包括"北京一号"卫星；"环境与灾害监测预报小卫星星座""吉林一号"等；民用立体测绘的卫星"资源三号"；太阳同步轨道 FY 气象卫星系列；计划发射的极轨气象卫星，将

091

空载平台——卫星

机载遥感平台——无人机

地基遥感平台——无人车

移动地面站

数据处理中心

环境监测

国防战略

灾害预警

林业勘探

公安遥感应用

……

地面控制

数据接收

地面数据接收与处理

数据管理中心

图 7-3　遥感技术框架

具备全球、全天候大气探测能力；海洋卫星系列 HY-1A、HY-1B 等。此外，在过去的 30 年间，中国遥感卫星地面站先后接收了包括 Landsat、SPOT、JERS、Radarsat、ERS、Envisat、CBERS、HJ、ZY 和 GF 等国内外系列卫星数据，截至目前，存档各类对地观测卫星数据资料超过 360 余万景，是我国最大的陆地观测卫星数据历史档案库。更为重要的是，高分辨率对地观测系统重大专项是《中国中长期科学和技术发展规划纲要（2006—2020）》部署的一个国家重大科技专项，由国家航天局对地观测与数据中心负责具体组织实施。高分专项将建设基于卫星、平流层飞艇和飞机的高分辨率对地观测数据获取系统，完善相应地面系统，建立数据与应用中心。该系统将与其他观测手段相结合，形成全天候、全天时、全球覆盖的对地观测能力，到 2020 年，将建成先进的陆地、大气、海洋对地观测系统，为现代农业、减灾、资源环境、公共安全等重大领域提供服务和决策支持。如图 7-4 所示为遥感数据获取途径。

　　数据拿到之后有什么用途呢？在汶川地震时，通过遥感卫星收集的数据，人们可以清晰地看到滑坡、堰塞湖的情况；在巴基斯坦发生地震时，可紧急调配卫星拍摄发生地震时的场景，通过检索之前的背景数据，了解地震发生前的地貌，两者对比后观察受灾情况。

　　除地震灾害监测外，大数据遥感还可应用到洋流监测、气候预警等多个领域。以洋流监测为例，地球上有辽阔的海洋，其面积是地球陆地面积的 2.5 倍，不过人类对海洋的认识还非常有限。例如，每数年发生一次的厄尔尼诺现象和拉尼娜现象，造成环赤道太平洋地区的海水温度、降水量异常，极端天气频繁发生。然而利用这种基于大数据的新技术能够让我们更加深入地了解气候、了解灾害，做到比较准确的预测厄尔尼诺现象和拉尼娜现象等异常洋流现象，更好地为人类防灾、减灾提供支持。

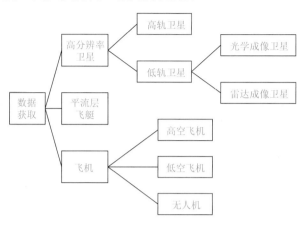

图 7-4　遥感数据获取途径

2. 融合大数据技术，支援科技救灾

微博网络平台成为"7·21"北京雨灾的"救星"——公众通过微博公布家庭住址，为求助人提供避难场所；"双闪车队"通过微博自发结队接送受困者。一条包含人物、时间和地点三要素的微博可迅速了解救援所需，打开微博附加坐标数据即可实现地图定位，为及时救灾提供方便。雅安地震中，除微博再次凸显新媒体传播优势外，微信群及各大互联网公司推出的寻人平台也为救灾提供了多渠道支持。但各大网站数据并不互通，而且数据的低精确度和低效是其最大弊端。而无论在日本海啸还是美国波士顿爆炸案期间，谷歌地图都提供了庇护所的精准定位，实现了大数据在救灾中应起到的实际作用。

从以上例子可以看到融合大数据及大数据分析的重要意义与价值。通过短信或电话均难以精确描述地理坐标，微博中的碎片信息只利于局部援助，而网络和大数据精准应是高效救灾的必备要素。虽然社交媒体应用于救灾具有巨大潜力，但其信息短暂、快速和一次性的软肋难以解决救灾的整体问题，大数据的到来对我们提出新的要求——开发和应用一个集中的信息库以准确调配物资并达到精确匹配。此外，一些政府部门大数据管理能力薄弱。例如，雅安地震后各界人士一起涌入灾区，一度造成交通阻塞，救灾工作难以有序进行；救灾物资整齐地排在后方却不能第一时间派送到受灾者手中；灾区没有每日更新的数据，重要数据难以公开而造成社会物资混乱；没有统一的物流中心和转运车辆，造成物资发放混乱。可见，缺乏大数据时代的管理思维和协调能力，必然会影响救灾效率。

2015 年 3 月，南太平洋的岛国瓦努阿图遭受飓风"帕姆"的侵袭，并造成严重灾害。灾害发生后，来自 36 大数据的一个团队与南安普顿大学和 EPFL 进行合作，使用人类计算（众包）、机器计算（人工智能）和计算机视觉，从航空影像中分析了"帕姆"在瓦努阿图中所造成的破坏。这项研究分析了 3000 多张高分辨率的航空图像，追踪那些可能被完全摧毁、部分受损、基本完好的房屋。分析完成后，受到损坏的房屋被突出显示，以便无人机和救援团队获得实时的反馈，促成了更加精准高效的救灾。如图 7-5 所示为地震灾害现场。

图 7-5　地震灾害现场

如图 7-6 所示为 2012 年 12 日北京发生特大雨灾的场景。

图 7-6　特大雨灾的场景

全国各地已经建立了多所自然灾害大数据研究机构，将大数据技术应用于灾害预测、灾害营救、灾害重建等多方面。例如，厦门大学牵头建立了"数字福建自然灾害大数据研究所"，这个机构将基于福建省内自然灾害空间分布特征，选取地质灾害、气候灾害、生物灾害、洪涝灾害、环境灾害的典型灾害现象为主要研究对象，针对山体滑坡崩塌、城市地表下沉、岩体开裂、台风破坏、农用地病虫、海岸侵蚀、水土流失、城市内涝、流域变化等问题，融合遥感、无人机、三维点云、社交网络等多源数据，构建基于"天空地一体化"的自然灾害大数据管理和分析监测体系。

7.3　大数据融入大生态，贵州"环保云"释放绿色"红利"

贵州省环境信息化历经"十一五"基础设施建设期，"十二五"数字环保、环保云发展期和当前"互联网+""生态环保大数据"加速期，层层推进，形成三层四级骨干网络系统，"一个桌面、一张图、一张网、一个数据中心"工作管理平台，"聚、通、用"云支撑平台等成果，将环保事业和大数据引入"相融共生"的局面。

2008年至2012年，贵州省环保信息化部门开展了基础设施大建设。随着国家节能减排力度不断加大，环保部门开展污染减排"三大体系"能力建设项目。其中，贵州省国控重点污染源自动监控项目于2010年6月通过验收，实现全省国控重点污染源企业和污水处理厂的自动监控；环境信息与统计能力项目贵州省分项目建成了"环保部—省—市—县"四级环保专网和围绕减排应用的"四平台、三应用、六集成"的软件系统。

贵州"环保云"于2014年在全国率先"飘起"。该项目主要侧重于环境数据汇聚，产业化应用，现已完成环境自动监控云、环境地理信息云、环境移动应用云、环境公众应用云、环境电子政务云五大"环保云"应用平台的建设。

1. 打造"环保云"平台，推动环境信息化建设

贵州省的环境信息化建设已经完成了贵州省已建环境信息化成果的迁移工作，包括环境地理信息系统、三维蓝控系统、视频监控系统和环境监控系统（水、气、污染源）四大类业务系统及相对应的业务数据，并建立了"环保云"电子政务外网发布平台。

● 环境地理信息系统

基于3S（GIS、RS、GPS）技术开发的环境地理信息系统，建立了多尺度、多源的遥感影像数据库和及时更新的基础地理信息数据库，通过整合基础地理信息数据、环境专题空间数据及关联的各类环境管理业务数据，实现环境空间信息及相关业务数据的查询、维护、分析，实现业务数据库与地理空间信息关联，并在"一张图"上进行展示，实现环境质量及污染源分析等专题图制作及综合展现，形成空间信息共享在线服务体系，为环保业务系统和用户提供空间信息服务，为管理者提供直观、高效、便捷的管理手段，有效提高环保业务管理能力、综合管理与分析的决策能力。

● 土壤环境信息系统

据贵州省环境保护厅报道，2018 年 7 月，为深入贯彻落实《土壤污染防治行动计划》（简称"土十条"），切实保护和改善贵州省土壤环境质量，大力推进贵州省生态文明建设和经济绿色健康发展，按照贵州省政府 2017 年印发《贵州土壤污染防治工作方案》提出的，要依托全省生态环境大数据及环保云平台，构建贵州省土壤环境信息化管理平台等要求，正式启动土壤环境信息化平台的建设。

平台将利用先进的物联网、云计算、大数据、移动互联网等技术，以数据为核心，将数据的获取、传输、处理、分析、决策、服务形成一体化的创新管理模式，提升土壤环境管理、土壤环境监测、环境决策等能力。另外，通过土壤环境信息化平台的建设，将消除土壤环境数据孤岛，摸清土壤环境质量状况；助力土壤监管体系建设，降低土壤环境风险；实现土壤污染防治项目考核，助力工作有效开展；提升土壤环境管理水平，促进环境管理科学决策。如图 7-7 所示为土壤环境信息大数据分析平台。

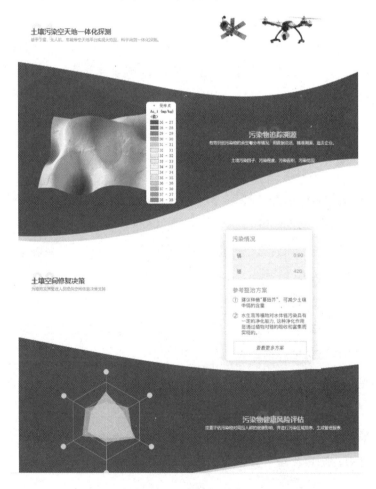

图 7-7　土壤环境信息大数据分析平台

● 视频监控系统

环境视频监控系统提供前端污染源排口，以及水环境的实时视频监控、多画面切换、实时抓拍、视频预录像、手动录像、报警自动录像等功能，实现现场视频监控点的视频图像浏览，支持实时监测数据与实时视频叠加，在一个画面上同步展示。同时，系统实现对实时视频图像进行多画面分组切换、轮巡切换功能。如图 7-8 所示为自然保护区环境视频监控系统方案。

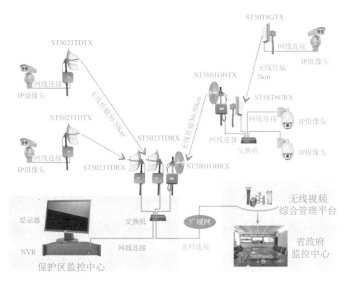

图 7-8　自然保护区环境视频监控系统方案

● 环境监控系统（水、气、污染源）

环境监控系统整合全省已建的地表水自动监测站、空气质量自动监测站、重点污染源自动监控系统的自动监测数据，结合污染物排放预警技术和数据分析挖掘技术，实现贵州省多级环境自动监控，对全省地表水水质、空气质量、重点污染源排放进行 24 小时不间断监控，并实现污染源数据、环境质量数据、视频数据的统一管理、分析和决策支持功能，为最终实现贵州省"削减总量、改善环境质量、防范风险"的目标提供基础支撑。如图 7-9 所示为环境监控系统方案。

● "环保云"电子政务外网发布平台

"环保云"电子政务外网发布平台包括环境质量信息管理与发布、污染源自动监控管理与信息展示两个方面的内容。

环境质量信息管理与发布主要包括按照环境标准和评价分析方法对特定区域的环境质量进行评价和分析。按地理范围可分为局部、区域、流域的环境质量评价和分析；按环境要素可分为大气环境质量评价和分析、水环境质量评价和分析、其他环境质量数据评价和分析等；按时间要素可分为环境质量现状评价、分析和环境质量历史趋势变化。该项目通过环境质量信息管理与发布功能的建设，可以进一步强化部门对环境状况的了解及综合管理能力。

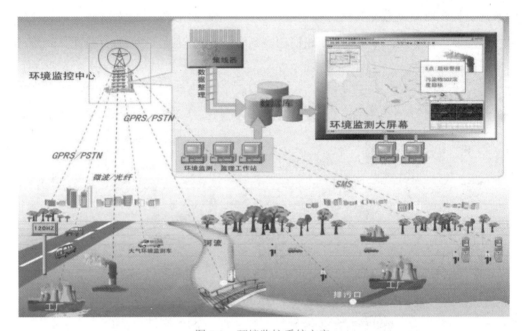

图 7-9　环境监控系统方案

污染源自动监控管理与信息展示项目以污染源数据管理为出发点，将各企业的基本信息、污染排放监测数据、视频图像监控数据、三维监控信息等纳入信息化系统，进行查看、管理和分析。系统能够对区域污染源的状况进行分析，对区域重点污染源总体排放、各污染源贡献、地区分布、行业分布等进行查询，进行污染源监测数据统计查询与趋势分析；利用空间分析手段对污染源进行分析、统计；实现不同行政单元内重点污染源的分析，包括对重点污染源的空间分布分析，不同时段、不同辖区内的污染物排放比较；为污染治理提供参考信息。

2. 建设林业信息化，让智慧青山环抱林城

贵阳省林业信息化建设"起步早、规格高、应用效果好"。2009 年，森林防火管理应急指挥系统开启了贵阳省林业信息化建设的进程；2011 年，贵阳省林业信息化一期建设启动，并在 2013 年底建成由 12 个子系统构成的一期林业信息化体系；2015 年，贵阳市成为第二批全国林业信息化示范市，标志着林业大数据进入全面发展新阶段；在 2016 年全国林业信息化率测评结果中，贵阳市林业信息化率达到 88.8%，远高于全国水平，并获评"全国林业

信息化建设十佳市级单位"。贵州省林业信息化建设呈现出四大亮点：一是贵阳市智慧林业云平台，贵阳市生态委以大数据为引领，助推智慧林业发展，提高了林业社会化服务能力，推动了林业现代化发展和生态文明建设林业信息化建设；二是国家大数据产业生态示范，国家大数据（贵州省）综合试验区产业生态示范基地以大数据生态圈培育为特色，着力汇聚大数据产业链各专业领域企业，形成大数据产业化、生态化、系统化、可持续化和示范性、引领性的"大数据+生态"系统；三是贵阳市高新区"互联网+"政务服务，贵阳市高新区政务服务大厅经过多年的创新实践，形成了独具特色的"互联网+"政务服务新模式，有效提升了政务服务能力和服务水平，助推了政务服务体制机制创新；四是贵州大学大数据人才培养，贵州大学大数据与信息工程学院的组建源于大数据产业发展战略，实现了"产学研"一体化的培养体系，培养了一批中、高端人才，为贵州省乃至全国大数据产业的发展提供了必要的人才保障和智力支持。

对于白云区生态文明建设局的林业资源调查员来说，每年 6 月是他们最繁忙的时候，辖区内所有营造林的生长情况都要在这段时间进行中期核查。以前他们要带上 GPS、罗盘仪和一大堆图纸上山测量并记录信息，而现在情况大有不同。

如今在贵阳市，林业信息化技术不仅运用到造林核查、森林资源调查中，在行政执法、森林防火等工作中也运用广泛。虽然夏季并不是森林火险的高发季节，但长坡岭的贵阳市森林防火指挥中心，技术人员仍端坐在计算机前，紧盯屏幕查看贵阳市 47 个林火远程监控点的实时画面，平均一个监控点覆盖约 20 平方公里的范围，可准确到火点。

对一线森防人员来说，"跑林子"变成了"动手指"，贵阳市森林防火的数字化，不仅转变了他们的工作模式，还可在最短时间内制订出科学合理的灭火方案。

2016 年，贵阳市在《贵州省林业生态红线划定实施方案》下达一、二级管护红线指标的基础上，比下达指标多出了 70.65 万亩林地。对贵阳市的林业人员来说，这么有底气地画上保护红线，信心源自于历时八年建成的"贵阳智慧林业云平台"。

此外，贵阳市各区县根据系统数据的管理和分析，还能精确地把林地种植任务下达到乡镇、社区。

当其他地区还在为"工程重叠、数据不清"头疼时，贵阳市已经为森林资源的消长审计、目标考核、生态红线保护等提供了基础数据的支撑。通过"贵阳智慧林业云平台"，全市的林业信息都能实现网上查询、定位、分析。

一平台、四系统、26 个业务子系统，贵阳市正形成"空、天、地三位一体"的整体构架，处于全国领先的林业信息化建设系统，正在全面发挥效应。2016 年底，贵阳市森林覆盖率达 46.5%，在全国省会城市中排名前列。"城在林中，林在城中"已成为贵阳市亮丽的"绿色名片"。以建设全国生态文明示范城市为目标，在建设林业信息化的道路上，贵阳市仍将一往无前。

3. 利用大数据，挖掘绿色宝藏

贵州省位于云贵高原，面积约 17.6 万平方公里，平均海拔约 1100 米，喀斯特地貌面积达 61.9%，山地和丘陵占全省总面积的 92.5%，是全国唯一一个没有平原支撑的省份。尽管贵州省有着丰富的水、煤炭和矿产资源，但多年来交通相对不便。历史原因造成的教育相对落后，加之喀斯特地貌的环境承载能力较弱，这些都成为工业经济时代大规模生产的不利因素，因而制约了贵州省的工业化和城镇化发展。

时至今日，以破坏环境和消耗不可再生的自然资源为代价的粗放式的经济增长方式已经难以为继，经济的绿色可持续发展已成为国家的发展战略。此时，贵州省丰富的生态资源、碧水蓝天的环境和民族多样性蕴藏的资源，也成为生态经济中最有价值的绿色资源。

从演化经济学角度，所谓后发优势、弯道超车都处于同一个经济增长长波之中。当绿色可持续发展成为新一轮经济增长的长波，基于原有粗放式经济发展的资源配置结构和所造成的对环境的破坏，将成为制约地区经济转型的瓶颈。而贵州省所拥有的丰富的绿色资源，正是经济可持续发展的动力所在。绿色经济的崛起，让大家重新站在绿色的起跑线上，而贵州省生态经济发展离不开大数据。

贵州省发展大数据的后天条件，需要国内信息技术和人才的高地——中关村来支持。2013 年 9 月，贵阳市与中关村科技园区管委会签订战略合作框架协议，双方签署了 106 个项目，涉及产业、科技服务、孵化器建设、科研、人才等方面，总投资约为 465 亿元人民币。双方的合作是创新、创业生态系统和自然生态系统的"双生态系统"的联姻。

贵阳市看重的并不是从中关村引来多少产业项目，引来多少条规模化的生产线，而是如何引进中关村的天使投资人，把风险投资的机制引进来。通过"输血"的方式能够得到一时的发展，但像贵州省、贵阳市这样地处西南地区的省份和城市，只有形成"造血"功能才能得到有效发展，这才是建设中关村贵阳科技园的核心目的。

为此，贵阳市已经开办了数家科技银行。与此同时，对科技创新需要的担保公司、评估公司进行了相关的准备。贵阳市在中关村贵阳科技园建设过程中也特别注重人才的培养和创新企业的孵化。

对于科技创新，不同的人可能有不同的理解，只有扎扎实实地做好基础性工作，引来人才、留住人才，进而把这些人才和本地的人才相结合，构成混合编队式的发展，在贵阳市形成一个科技创新的氛围，这是建设中关村贵阳科技园的主要理念。

贵阳市还有一个吸引人才的法宝：当雾霾已经成为大范围经常性的天气现象后，2019年 6 月，贵阳市空气质量优良率达 100%，而 2019 年上半年，贵阳市空气质量优良率达到81.8%，没有重度污染，中度污染只有 8 天。美好的生态环境正吸引着越来越多的人才前往贵阳市发展。

贵州省为了发展大数据，打造创新型中心城市示范区，形成"夯实大数据生态，强化区块链应用，引领人工智能"三足鼎立的局面，下了不少功夫。

从全国首个大数据应用技术国家工程实验室、国家信息中心大数据清洗加工基地落户园区，再到引进一批国内外顶尖的工业互联网平台，深度融合智能制造业；从利用区块链技术解决社会各行业、各领域中的痛点问题到加大引进人工智能技术，加快经济转型升级，高新区一直为大数据产业发展提供肥沃的土壤。

在生态文明建设方面，高新区有着得天独厚的优势——大数据，利用互联网技术系统推进"大生态"战略，将低碳经济、循环经济、互联网共享经济等新型业态引入高新区，使"百姓富，生态美"，释放更多绿色红利，助力全区发展。

为营造良好的大数据产业发展环境，加快大数据产业发展，高新区在"大生态"方面不断创新。例如，治理白鹭湖、太阳湖、罗格湖等湖泊生态环境；打造大数据 VR 小镇、智谷科技文化小镇、麻古云堡文化小镇，以及罗格湖生态数据文化小镇和沙文高新数客小镇等小镇文化；创建大数据技术创新中心、大数据技术研发中心、贵阳云计算中心等技术中心，高新区将"大数据""大生态"相结合，坚持"生态优先、绿色发展"理念，坚守发展和生态"两条底线"，通过打造生态景观，发展绿色产业，让市民在高新技术企业林立的环境里，也能够享受自然生态的魅力。

2018 年底，高新区已经初步形成较为完备的大数据产业生态体系，培育了多个具有核心竞争力和商业影响力的大数据品牌，如贵州雅光电子科技股份有限公司"大数据+智能制造"产业化项目、汉方药业"基于大数据分析的汉方药业智能生产管理系统"、林泉电机"大数据+智能工厂一期建设项目"等。高新区加快推动人工智能、量子信息、移动通信、物联网、区块链等新一代信息技术与实体经济深度融合发展，做大做强数字经济。据统计，2018年上半年，在大数据产业助力下，高新区累计完成工业增加值 20.61 亿元人民币，累计同比增长 10.3%，全区 53 户规模以上工业企业已全部完成"千企改造"工程转型升级方案编制，其中，计划总投资 23.8 亿元人民币的转型升级支撑项目 57 个；投资额超 1 亿元人民币的项目 6 个，计划总投资约 18 亿元人民币，占计划总投资额的 78%。

展望未来，高新区将继续强力推动绿色发展，提高绿化水平，打造山青、天蓝、水清、地净的生态环境；加大园区环保设施建设力度，按照全市"千园之城"的目标，把建好生态示范公园作为实事、大事来抓；构建节约能源和保护生态环境的产业发展模式，创建国内一流新型低碳产业园区。

思 考 题

1．如何利用大数据实现污染源企业的精准锁定？

2．举例说明如何利用大数据应对自然灾害。

第 三 篇

数据技术浅析，运用大数据

第8章 物联网技术获取海量数据

8.1 物联网与大数据

1. 物联网是什么

物联网是指在物理世界的实体中部署具有一定感知能力、计算能力和执行能力的各种信息传感设备，通过网络设施实现信息传输、协同和处理，从而实现广域或大范围的人与物、物与物之间信息交换需求的互联。如图 8-1 所示为物联网技术概念图。

图 8-1　物联网技术概念图

近年来，物联网技术的应用和发展得到了极大的推动。2013 年初，我国印发了《国务院关于推进物联网有序健康发展的指导意见》，提出要实现物联网在经济社会各领域的广泛应用，掌握物联网关键核心技术，基本形成安全可控、具有国际竞争力的物联网产业体系，使物联网成为推动经济社会智能化和可持续发展的重要力量，并发布了顶层设计、技术研发、标准研制、产业支撑、商业模式、法律法规、信息安全等 10 项行动计划。从"2018 世界物联网博览会"上获悉，我国物联网市场规模已首次突破万亿元人民币，预计 2021 年我国物联网平台支出将位居全球第一。总体而言，我国物联网已初步形成完整的产业体系，并赢得了一定的国际话语权。由我国提出的物联网顶层设计被物联网的国际标准、国家标准全面采纳；对物联网的应用也从政策扶持期进入市场导向期，在交通、电力、安防等领域形成了一定的规模性应用。

未来几年，物联网将迎来井喷式发展。经济提质增效和产业转型升级将使物联网发展优势更加突出，社会转型将为我国联网应用提供更广阔的市场，新技信息技术与应用术的突破将带来产业的规模化发展，特别是在工业自动控制、环境保护、医疗卫生、公共安全等领域开展了一系列应用试点和示范，并取得了初步进展。

随着物联网产业的不断发展，为实现"物物相联"及"人物相联"，数以亿计的物联感知设备数量，如 RFID、GPS、搜索引擎、浏览器等，嵌入到实体设备中用于采集数据。由于感知设备数量的不断增加，物联网采集的海量数据呈井喷式增长，广泛采用云计算等大数据处理技术，实现数据分析及信息传递、交换的不断优化，从而使得物联网产业在智能识别、定位、跟踪、监控、管理等领域的应用需求从概念化走向商业实质化。

进入新时期，我国的物联网产业呈现快速发展的趋势，对信息数据处理的要求在不断提升，传统的数据管理技术已经不能适应新形势下物联网产业的发展，因此必须进行相应的改革与创新。物联网产业的工作者经过不断的研究和探索，提出了大数据及智能处理技术，它们的出现从一定程度上促进了物联网产业的发展。

目前国内在物联网技术研究和开发领域还存在以下三类问题。

（1）物联网的定义和技术范畴界定较为片面

虽然国际上对于物联网定义已经有了较为明确的结论，但我国对于物联网的定义并不明确，大部分研究和开发人员仍然把物联网简单地作为"连接物品的网络"，而不是把物联网作为"连接并且提供物品相关服务的全球信息基础设施"，这使得我国有关物联网的技术研究和开发局限在连接物品的装置及这些装置的组网层面，对于物联网的自主操作技术、隐私保护技术、数据融合和挖掘技术、服务提供技术、体系结构参考模型的技术标准化等方面缺乏系统的研究和开发。

（2）物联网应用需求相关的理论研究较少

理论研究较少特别体现在针对物联网技术大规模应用，以及产业化的相关理论问题的研究较少。基于物联网应用需求、独立于物联网具体应用领域的通用物联网服务、隐私保护、智能操作、自主联网，以及制约物联网产业大规模发展的物联网技术碎片化等问题都缺少系统的理论研究和实验，这使得物联网技术研究和开发难以深入。

（3）物联网核心技术的标准化进展较为缓慢

物联网作为新一代的信息基础设施，其技术标准化工作任务较为繁重、复杂。物联网的理论研究和科学实验的匮乏，使得物联网技术基础标准的制定缺少研究和实验结果的支持，因此制约了物联网技术基础的标准化工作开展。

如果不能及时解决这三类问题，则将会严重阻碍我国的物联网技术研究和开发的进程，并且有可能使得我国又一次错失获得物联网核心技术的机遇。

2. 物联网如何实现

目前，物联网产业主要分为四个部分，数据的采集、数据的传递、数据的处理及数据的应用。物联网产业中的这四个部分各自扮演着不同的角色，其中数据的采集与数据的传递是大数据在物联网产业中应用的基础，而数据的处理与数据的应用是大数据在物联网产业中应用的核心内容。物联网产业在数据智能处理及信息决策方面的应用，主要包括数据采集、数据存储、基础架构、数据处理、统计分析、数据挖掘、模型预测、结果呈现等技术。以下分析几个主要技术。

1）数据采集

数据采集是大数据在物联网产业中应用的基础，只有做好数据采集才能对数据进行分析、处理。海量数据是智能决策的基础。物联网的大数据采集主要包括获取、选择及存储等过程。

随着科学技术的发展与进步，物联网产业中的数据采集技术也在不断地发展和创新，目前大数据获取主要包括传感器、Web 2.0、条形码、RFID 及移动智能终端等技术。传感器技术主要是获取物理数据，Web 2.0 用于获取网络互动数据，条形码与 RFID 用于获取物品基本信息，移动智能终端则用于获取物理数据、社交数据、地理位置信息等综合性数据。

与其他行业不同的是，物联网的数据是异构、多样性、非结构和有噪声的。因此，物联网的数据采集并非看上去那么简单，通常情况下，物联网领域的数据采集还涉及数据去噪处理及信息的提取过程。出于信息运输及信息处理的方便，往往会在初级阶段对所采集的数据进行相应的去噪处理，物联网的数据有明显的颗粒性，其数据通常带有时间、位置、环境和行为等信息。如何去噪提取有效信息是智能处理的关键。HP 公司基于香农信息论及贝叶斯概率论提出了 Autonomy 非结构化数据解决方案，实现了音频、图片、电子邮件等异构数据的智能化信息理解。另外，物联网产业在运行过程中必然带有一些负荷，为了降低运行过程中的负荷，还需要对所采集的数据进行提取。

另一方面，近几年市面上涌现出了大量基于物联网的智能设备，如智能恒温器、智能冰箱、智能洗衣机等智能家庭设备，以及家庭安全摄像头、婴儿监视器、健身追踪器、智能手表等关乎人们安全与健康的智能设备。这些智能设备一方面为人们的生活带来了极大的便利，但同时也需要对人们生活、工作中的各种数据进行采集，海量数据在物联网的监控之下，物联网的数据安全是一个令人担忧的问题。

2）数据存储

今天，随着"互联网+"时代的进程加速，在信息化建设突飞猛进，数据信息量的快速增长的大数据时代，处理大数据的真谛就是利用存储在海量数据中"淘金"的过程。物联网每天涉及的数据量在不断增加，为了高效、及时地处理物联网所涉及的这些数据，就必须对数据进行存储。

对物联网背后的大数据进行分析和分类汇总，通常采用分布式计算集群来实现。对于传统的数据存储及实时分析，关系数据库基本上能满足应用需求，如 EMC 的 GreenPlum、Oracle 的 Exadata，以及基于 MySQL 的列式存储 Infobright 等。但是，对于物联网产生的海量异构数据，以谷歌为代表的 IT 企业提出了利用大规模廉价服务器以达到并行处理的非关系数据库解决方案，即 MapReduce 技术。随着经济的发展，物联网产业中数据的存储技术也在不断提高，当前最受欢迎的数据存储技术当属非关系数据库的分布式存储技术，这种非关系数据库的分布式存储技术，推动了物联网产业的发展。继而物联网产业中又相继出现了云存储、分布式文件系统等大数据基础架构，以及基于云计算的分布式数据处理方式。目前，IBM、微软、谷歌、阿里巴巴、腾讯等企业，都在推出各自基于分布式计算的云存储，用于解决非结构化数据的数据关联及基于此的数据分析及数据挖掘等问题。

针对大数据的容量需求，利用针对结构化数据的虚拟存储平台是大数据处理的一个很好的方案。该方案针对结构化数据的存取动态分层技术，根据数据被调用的频率，自动将常用的数据搬到最高层，提高效率。

3）统计分析

统计与分析主要利用分布式数据库，或者分布式计算集群来对存储于其内的海量数据进行普通的分析和分类汇总等工作，以满足大多数常见的分析需求。

物联网后台海量数据的统计分析、数据挖掘、模型预测、结果呈现等都属于数据分析。物联网真正的商业价值基础在于数据分析，主要是在现有数据上面进行基于各种算法的计算，从而起到预测的效果，从而实现一些高级别数据分析的需求。比较典型的算法有用于聚类的 Kmeans、用于统计学习的 SVM 和用于分类的 NaiveBayes，一些实时性需求会用到 EMC 的 Green Plum、Oracle 的 Exadata，以及基 MySQL 的列式存储 Infobright 等，而一些批处理，或者基于半结构化数据的需求可以使用 Hadoop。统计与分析这部分的主要特点和挑战是分析所涉及的数据量大，其对系统资源，特别是 I/O 会有极大的占用。例如，在市场营销领域，通过软件及服务来更精确地理解用户行为和习惯，通过对用户的更精确理解来提供精准的广告服务。

3．物联网核心技术

1）NB-IoT 技术

NB-IoT（Narrow Band Interne to Things）即窄带蜂窝物联网，所对应的 3GPP 协议获得了 RAN 全会批准，正式宣告受无线产业广泛支持的 NB-IoT 标准核心协议全部完成。NB-IoT 标准锁定是物联网的一件大事，大大加速了产业发展进程。该标准的确定不但意味着物联网标准实实在在地落地，而且表明其会在规模更大的应用领域快速落地。目前在全球范围内，华为公司和高通公司主推 NB-IoT 标准生态链，智慧城市为其广泛应用提供了巨大的想象空间。目前，围绕着 NB-IoT 标准产业链，已经在资本市场上引发了资金的疯狂追捧，作为 NB-IoT 标准锁定的最直接受益和想象空间最大的智慧城市产业链，有望借此机会实现爆发式增长。

NB-IoT 标准是低功耗广覆盖技术，在技术上优势明显，一是覆盖能力强，覆盖增强超过 100 倍；二是功耗低，基于 AA 电池，使用寿命可超过 10 年；三是芯片成本低，终端芯片成本能降低至 1 美元，成本优势明显；四是和目前蜂窝连接相比，单小区可接入户数大，能达到 50000 个，为以前 2G、3G 容量的 50 多倍，市场容量大大增加。随着物联网 NB-IoT 标准的锁定，大规模建设期已经近在眼前。而智慧城市作为物联网下游应用超过万亿规模的大市场，将借此契机迎来加速发展的黄金期。

2）RFID 技术

RFID（射频识别）技术是一种无接触的自动识别技术，利用射频信号及其空间耦合传输特性，实现对静态或移动待识别物体的自动识别，用于对采集点的信息进行"标准化"标识。鉴于 RFID 技术可实现无接触的自动识别、全天候工作、识别穿透能力强、无接触磨损、可同时实现对多个物品的自动识别等诸多特点，可将这一技术应用到物联网领域，使其与互联网、通信技术相结合，实现全球范围内物品的跟踪与信息的共享，在物联网"识别"信息和近程通信的层面中，起着至关重要的作用。另一方面，产品电子代码（EPC）采用 RFID 电子标签技术作为载体，大大推动了物联网应用和发展。

3）传感器技术

有价值的信息不仅需要射频识别技术，还要有传感技术。物联网经常处在自然环境中，传感器会受到恶劣环境的考验。所以，对于传感器技术的要求就会更加严格。

传感器可以采集大量信息，它是许多装备和信息系统必备的信息摄取器件。如果没有传感器对最初信息的检测、交替和捕获，则所有控制与测试都不能实现。即使是最先进的计算机，若没有信息和可靠数据，都不能有效地发挥传感器本身的作用。传感器技术的突破和发展包括：网络化、感知信息、智能化三个方面。

4）网络通信技术

网络通信技术包含很多重要技术，其中 M2M 技术最为关键，该技术应用范围广泛，不仅能实现远距离传输数据，而且能与近距离通信技术相衔接。现在的 M2M 技术以机器对机器通信为核心，建筑学、航空航天、医学、农业等行业是专业人士未来要努力实现的方向。

5）嵌入式系统技术

嵌入式系统技术是综合了计算机软硬件、传感器技术、集成电路技术、电子应用技术为一体的复杂技术。经过几十年的演变，以嵌入式系统为特征的智能终端产品随处可见，小到人们的手机，大到航天航空的卫星系统。嵌入式系统正在改变着人们的生活，推动着工业生产及国防工业的发展。如果把物联网用人体做一个简单的比喻，传感器相当于人的眼睛、鼻子、皮肤等感官，网络就是神经系统用来传递信息，嵌入式系统则是人的大脑，在接收到信息后要进行分类处理。这个例子形象地描述了传感器、嵌入式系统在物联网中的位置与作用。

6）云计算

云计算是把一些相关网络技术和计算机融合在一起的产物。它利用分布式计算机计算出的信息和运行数据中心改成与互联网相近，使资源能够运用到有用的技术上，对存储系统和计算机做必要的咨询，其目的是把各种消费进行低成本处理并融合为功能完整的实体，还可以运用 MSP、SAAS 等模式分布并计算到终端用户。云计算是以加强改善其处理能力为重点，用户终端的负担也相应降低，I/O 设备也能够简化，还可以对它的计算功能进行合理享受并运用，如百度公司等搜索功能就是它的应用之一。

8.2 冷链物联网大数据平台

近几年随着我国生活水平的提高，人们对食品安全问题越来越重视，发展冷链机组设备、冷链物流对整个社会具有非常大的作用。通过冷链系统，可实现对交通运输中的冷链物流车上的温度、湿度，以及冷库内的温度、湿度进行实时在线监测，并提供相关统计功能、历史数据查询功能、实时报警等功能，从而减轻了现场工作人员的工作量，保证了数据的准确性和及时性，提高了工作效率。如图 8-2 所示为冷链运输实景图。

图 8-2　冷链运输实景图

冷链物联网主要由冷链无线智能采集终端、数据通道引擎和远程监控客户端软件组成。对冷库或冷链物流车上的温度、湿度实时在线监测，并上传到数据监控中心，对各监测的仪表数据进行统一解析、处理、存储等工作。冷链物联网系统结构如图 8-3 所示。

1. 冷链无线智能采集终端

冷链无线智能采集终端对冷库或冷链物流车上的温度、湿度实时在线监测，并上传到监控数据中心，冷链物流车实时位置不断变化，采集 4G 网络进行数据传输。冷库中可采用 FLink 无线组网方式。

2. 数据通道引擎

数据通道引擎主要对各监测的仪表数据进行统一解析、处理、存储等工作。

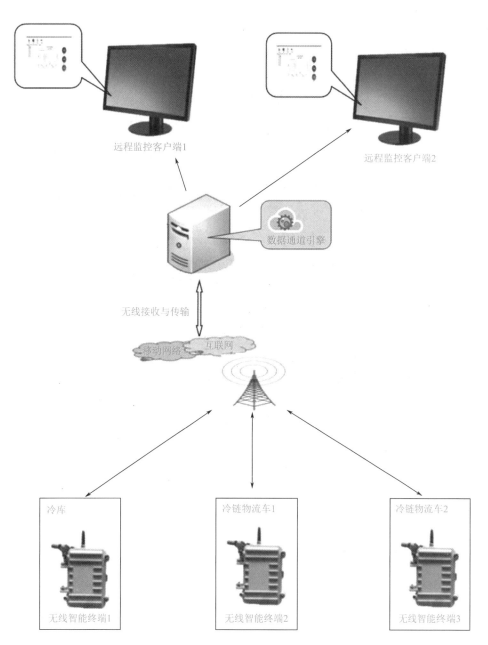

图 8-3　冷链物联网系统结构

3. 远程监控客户端软件

利用远程监控客户端软件可查看各个冷库与冷链物流车的温度和湿度数据、设备工作状态等情况，并具有实时数据在线监测、数据统计、历史记录查询、报警信息查询等功能。如图 8-4 所示为冷链数据监测界面。

图 8-4 冷链数据监测界面

思 考 题

1. 什么是物联网？
2. 物联网产业分为哪四个部分？

 **第9章　分布式系统实时处理数据**

随着大型网站的各种高并发访问、海量数据处理等场景越来越多，如何实现网站的高可用、易伸缩、可扩展、安全等目标就显得越来越重要。为解决这一系列问题，大型网站的架构也在不断发展。实现大型网站架构的高可用性，不得不提的就是分布式。本章主要简单介绍分布式系统的概念、分布式系统的特点、常用的分布式方案以及分布式和集群的区别等。

9.1　什么是分布式系统

分布式系统是一个硬件或软件组件分布在不同的网络计算机上，彼此之间仅仅通过消息传递进行通信和协调的系统。

简单来说就是一群独立计算机集合共同对外提供服务，但是对于系统的用户来说，就像是一台计算机在提供服务一样。分布式意味着可以采用更多的普通计算机（相对于昂贵的大型机）组成分布式集群对外提供服务。计算机越多，CPU、内存、存储资源等也就越多，能够处理的并发访问量也就越大。

从分布式系统的概念中可知各个主机之间通信和协调主要通过网络进行，所以，分布式系统中的计算机在空间上几乎没有任何限制，这些计算机可能被放在不同的机柜上，也可能被部署在不同的机房中，还可能在不同的城市中，对于大型的网站甚至可能分布在不同的国家和地区。

无论空间上如何分布，一个标准的分布式系统应该具有以下几个主要特征：

1．分布式系统主要特征

1）分布性

分布式系统中的多台计算机之间在空间位置上可以随意分布，系统中的多台计算机之间没有主、从之分，即没有控制整个系统的主机，也没有受控的从机。

2）透明性

系统资源被所有计算机共享。每台计算机的用户不仅可以使用本机的资源，还可以使用本分布式系统中其他计算机的资源（包括 CPU、文件、打印机等）。

3）同一性

系统中的若干台计算机可以互相协作来完成一个共同的任务，或者说一个程序可以分布在几台计算机上并行地运行。

4）通信性

系统中任意两台计算机都可以通过通信来交换信息。

和集中式系统相比，分布式系统的性价比更高、处理能力更强、可靠性更高、也有很好的扩展性。但是，分布式在解决网站的高并发问题的同时也带来了一些其他问题。首先，分布式的必要条件就是网络，这可能对性能甚至服务能力造成一定的影响。其次，一个集群中的服务器数量越多，服务器宕机的概率也就越大。另外，由于服务在集群中分布式部署，用户的请求只会落到其中一台机器上，所以，一旦处理不好就很容易产生数据一致性问题。

2．常见的分布式系统

常见的分布式文件系统有 GFS、HDFS、Lustre、Ceph、GridFS、mogileFS、TFS、FastDFS 等。各自适用于不同的领域。它们都不是系统级的分布式文件系统，而是应用级的分布式文件存储服务。

1）GFS

Google 公司为了满足本公司需求而开发的基于 Linux 的专有分布式文件系统（Google File System，简称 GFS）。尽管 Google 公布了该系统的一些技术细节，但 Google 并没有将该系统的软件部分作为开源软件发布。

2）HDFS

Hadoop 实现了一个分布式文件系统（Hadoop Distributed File System），简称 HDFS。Hadoop 是 Apache Lucene 创始人 Doug Cutting 开发的使用广泛的文本搜索库。它起源于 Apache Nutch，后者是一个开源的网络搜索引擎，本身也是 Luene 项目的一部分。Aapche Hadoop 架构是 MapReduce 算法的一种开源应用，是 Google 开创其帝国的重要基石。

3）Ceph

Ceph 是加州大学圣克鲁兹分校的 Sage Weil 攻读博士时开发的分布式文件系统。并使用 Ceph 完成了他的论文。

4）Lustre

Lustre 是一个大规模的、安全可靠的，具备高可用性的集群文件系统，它是由 SUN 公司开发和维护的。

该项目主要目的就是开发下一代的集群文件系统，可以支持超过 10000 个节点，数以PB 的数据量存储系统。

目前 Lustre 已经运用在一些领域，例如 HP SFS 产品等。

4．常用的分布式方案

1）分布式应用和服务

分布式应用和服务是将应用和服务进行分层和分割，然后将应用和服务模块进行分布式部署。这样做不仅可以提高并发访问能力、减少数据库连接和资源消耗，还能使不同应用复用共同的服务，使业务易于扩展。

2）分布式静态资源

对网站的静态资源，如：JS、CSS、图片等，进行分布式部署可以减轻应用服务器的负载压力，提高访问速度。

3）分布式数据和存储

大型网站常常需要处理海量数据，单台计算机往往无法提供足够的内存空间，可以对这些数据进行分布式存储。

4）分布式计算

随着计算技术的发展，有些应用需要非常巨大的计算能力才能完成，如果采用集中式计算，需要耗费相当长的时间来完成。分布式计算将该应用分解成许多小的部分，分配给多台计算机进行处理。这样可以节约整体计算时间，大大提高计算效率。

9.2　分布式与集群的关系

分布式（distributed）是指在多台不同的服务器中部署不同的服务模块，通过远程调用协同工作，对外提供服务。

集群（cluster）是指在多台不同的服务器中部署相同应用或服务模块，构成一个集群，通过负载均衡设备对外提供服务。

总的来说，分布式是并联工作的，集群是串联工作的。

分布式是指将不同的业务分布在不同的地方。而集群指的是将几台服务器集中在一起，实现同一业务。

分布式中的每一个节点，都可以做集群。而集群并不一定就是分布式的。

如新浪网，当访问量较大时可以做一个集群，前面放一个响应服务器，后面几台服务器完成同一业务，如果有业务访问的时候，响应服务器看哪台服务器的负载不是很重，就交给哪一台去完成。

而分布式，从狭义上理解，与集群类似，但是它的组织比较松散，不像集群有组织性，一台服务器垮了，其他的服务器可以顶上来。

分布式的每一个节点，都完成不同的业务，一个节点垮了，这个业务就不可访问。

分布式是以缩短单个任务的执行时间来提升效率的，而集群则是通过提高单位时间内执行的任务数来提升效率。

例如：

如果一个任务由 10 个子任务组成，每个子任务单独执行需 1 小时，则在一台服务器上执行该任务需 10 小时。

采用分布式方案，提供 10 台服务器，每台服务器只负责处理一个子任务，不考虑子任务间的依赖关系，执行完这个任务只需一个小时。（这种工作模式的一个典型代表就是 Hadoop 的 Map/Reduce 分布式计算模型）

而采用集群方案，同样提供 10 台服务器，每台服务器都能独立处理这个任务。假设有 10 个任务同时到达，10 个服务器将同时工作，10 小时后，10 个任务同时完成，这样，整体来看，还是 1 小时内完成一个任务。

9.3 Hadoop 平台简介

Hadoop 是一个开源框架，它允许在整个集群使用简单编程模型计算机的分布式环境存储并处理大数据。它的目的是从单一的服务器到上千台机器的扩展，每一台机器都可以提供本地计算和存储。

1. Hadoop 名字的由来

Hadoop 这个名字不是一个缩写，它是一个虚构的名字。该项目的创建者，Doug Cutting 如此解释 Hadoop 的得名："这个名字是我孩子给一头吃饱的棕黄色大象命名的。我的命名标准就是简短，容易发音和拼写，没有太多的意义，并且不会被用于别处。小孩子是这方面的高手。"

2．Hadoop 大事记

2004 年——最初的版本（现在称为 HDFS 和 MapReduce）由 Doug Cutting 和 Mike Cafarella 开始实施。

2005 年 12 月——Nutch 移植到新的框架，Hadoop 在 20 个节点上稳定运行。

2006 年 1 月——Doug Cutting 加入雅虎。

2006 年 2 月——Apache Hadoop 项目正式启动以支持 MapReduce 和 HDFS 的独立发展。

2006 年 2 月——雅虎的网格计算团队采用 Hadoop。

2006 年 4 月——标准排序（10 GB 每个节点）在 188 个节点上运行 47.9 个小时。

2006 年 5 月——雅虎建立了一个 300 个节点的 Hadoop 研究集群。

2006 年 5 月——标准排序在 500 个节点上运行 42 个小时（硬件配置比 4 月的更好）。

2006 年 11 月——研究集群增加到 600 个节点。

2006 年 12 月——标准排序在 20 个节点上运行 1.8 小时，100 个节点 3.3 小时，500 个节点 5.2 小时，900 个节点 7.8 个小时。

2007 年 1 月——研究集群到达 900 个节点。

2007 年 4 月——研究集群达到两个 1000 个节点的集群。

2008 年 4 月——赢得世界最快 1 TB 数据排序在 900 个节点上用时 209 秒。

2008 年 10 月——研究集群每天装载 10 TB 的数据。

2009 年 3 月——17 个集群总共 24000 台机器。

2009 年 4 月——赢得每分钟排序，59 秒内排序 500 GB（在 1400 个节点上）和 173 分钟内排序 100TB 数据（在 3400 个节点上）。

2011 年 8 月——Dell 与 Cloudera 联合推出 Hadoop 解决方案——Cloudera Enterprise。Cloudera Enterprise 基于 Dell PowerEdge C2100 机架服务器以及 Dell PowerConnect 6248 以太网交换机。

Hadoop 建立在之前的 Google Lab 开发的 Map/Reduce 和 Google File System（GFS）基础上，并于 2005 年作为 Lucene 的子项目 Nutch 的一部分由 Apache 基金会正式引入，随后成为 Apache 旗下一个单独的开发项目。Hadoop 最初由 HDFS，MapReuce，Hbase 三大核心组件组成，后来发展成为包含 HDFS、MapReduce、Hbase、Hive 和 ZooKeeper 等 60 多个组件的生态系统。在 Hadoop 的工作中，Map 负责分解任务，Reduce 负责结果汇总，HDFS 负责数据的管理。在互联网领域，Hadoop 发展状况良好，Facebook 的数据挖掘和日志统计、推特的数据存储、百度公司的日志分析和网页数据库的数据挖掘等领域都使用了 Hadoop 云计算平台。如图 9-1 所示为 Hadoop 处理过程。

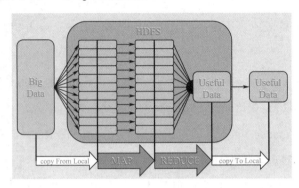

图 9-1　Hadoop 处理过程

Hadoop 和其他大数据技术如此引人注目的原因是，他们让企业找到问题的答案，而在此之前他们甚至不知道问题是什么。这可能会产生开发新产品的想法，或者帮助确定改善运营效率的方法。无论是互联网巨头如 Google、Facebook、LinkedIn 还是很多的传统企业中都有已经明确的大数据用例。它们包括：

推荐引擎：网络资源和在线零售商使用 Hadoop 根据用户的个人资料和行为数据匹配和推荐用户、产品和服务。LinkedIn 使用此方法增强其"你可能认识的人"这一功能，而淘宝网利用该方法为网上消费者推荐相关产品。

情感分析：Hadoop 与先进的文本分析工具结合，分析社会化媒体和社交网络发布的非结构化的文本，包括 Twitter 和 Facebook，以确定用户对特定公司、品牌或产品的情绪。分析既可以专注于宏观层面的情绪，也可以细分到个人用户的情绪。

风险建模：财务公司、银行等公司使用 Hadoop 和下一代数据仓库分析大量交易数据，以确定金融资产的风险，模拟市场行为，为潜在的"假设"方案做准备，并根据风险为潜在用户打分。

欺诈检测：金融公司、零售商等使用大数据技术将用户行为与历史交易数据结合来检测欺诈行为。例如：信用卡公司使用大数据技术识别可能的被盗卡的交易行为。

营销活动分析：各行业的营销部门长期使用技术手段监测和确定营销活动的有效性。大数据让营销团队拥有更大量的越来越精细的数据，如点击流数据和呼叫详情记录数据，以提高分析的准确性。

用户流失分析：企业使用 Hadoop 和大数据技术分析用户行为数据并确定分析模型，该模型指出哪些用户最有可能流向存在竞争关系的供应商或服务商。企业就能采取最有效的措施挽留欲流失用户。

社交图谱分析：Hadoop 和下一代数据仓库相结合，通过挖掘社交网络数据，可以确定社交网络中哪些用户对其他用户产生最大的影响力。这有助于企业确定其"最重要"的用户，不总是那些购买最多产品或花最多钱的，而是那些最能够影响他人购买行为的用户。

用户体验分析：企业使用 Hadoop 和其他大数据技术将之前单一用户互动渠道（如呼叫中心，网上聊天，微博等）数据整合在一起，以获得对用户体验的完整视图。这使企业能够了解用户交互渠道之间的相互影响，从而优化整个用户生命周期的用户体验。

网络监控：Hadoop 和其他大数据技术被用来获取、分析和显示来自服务器，存储设备和其他 IT 硬件的数据，使管理员能够监视网络活动，诊断瓶颈等问题。这种类型的分析，也可应用到交通网络，以提高燃料效率，当然也可以应用到其他网络。

研究与发展：有些企业（如制药商）使用 Hadoop 技术进行大量文本及历史数据的研究，以协助新产品的开发。

当然，上述这些都只是大数据应用的举例。事实上，在某些企业中大数据最引人注目的用例可能尚未被发现。这就是大数据发展的潜力所在。

3. HDFS 框架介绍

HDFS 是 Hadoop 平台的分布式文件管理系统，是 Hadoop 最重要的组件之一。它采用 Master/Slaver 架构对文件系统进行管理。一个 HDFS 集群一般由一个 NameNode 节点和一定数量的 DataNodes 节点组成。以下是各类节点在集群中的主要作用：

（1）NameNode 节点。NameNode 包含 HDFS 文件系统的文件目录树及文件索引目录、文件 Block 列表等进行相应的维护，并将这些信息持久化到本地磁盘的镜像文件和编辑日志中。NameNode 负责对 HDFS 文件系统的命名空间、集群配置信息和文件 Block 块的创建、删除、复制等操作进行管理，并协调接收客户端对 HDFS 文件系统的访问请求，执行相应的文件操作，例如对文件的打开、关闭、重命名等。NameNode 将 HDFS 中的超大文件划分为多个 Block 块，存储在不同的 DataNode。

（2）DataNode 是具体任务的执行节点，存在于客户端，承担具体执行任务相关的数据及操作。DataNode 接受 NameNode 的统一调度，对文件的 Block 块进行创建、删除和复制等操作，同时 DataNode 还负责接收处理客户端对文件的读/写请求。

（3）DataNode 与 NameNode 间的交互：NameNode 在每次启动系统时都会动态重建文件系统的元数据信息，这时它会以心跳轮询集群中的 DataNode 节点，DataNode 以心跳响应 NameNode，定时向 NameNode 发送它所存储的文件块信息。

4. Hadoop 的计算框架

MapReduce 是 Hadoop 的核心计算组件,用于并行计算海量数据。MapReduce 框架的核心步骤主要分两部分:Map 和 Reduce。当用户向 MapReduce 框架提交一个计算作业时,它会首先把计算作业拆分成若干个 Map 任务,然后分配到不同的节点上去执行,每一个 Map 任务处理输入数据中的一部分,当 Map 任务完成后,它会生成一些中间文件,这些中间文件将会作为 Reduce 任务的输入数据。Reduce 任务的主要目标就是把前面若干个 Map 的输出汇总到一起并输出。

在 YARN 中,原先负责资源管理和作业控制功能的 JobTracker 被遗弃,功能分别由组件 ResourceManager 和 ApplicationMaster 实现。其中,ResourceManager 负责所有应用程序的资源分配,而 ApplicationMaster 仅负责管理一个应用程序。YARN 事实上转变成为一个弹性计算平台,它不仅支持 MapReduce,而且支持在线处理的 Storm,以及近几年来发展势头迅速的 Spark 等计算框架。

5. Hadoop 为企业来带了什么

如今,"大数据"这一术语在 IT 经理人中变得越来越流行。美国国家海洋和大气管理局 NOAA 利用"大数据"进行气象、生态系统、天气和商务研究。《纽约时报》使用"大数据"工具进行文本分析和 Web 信息挖掘。迪斯尼则利用它们关联和了解跨不同商店、主题公园和 Web 资产的用户行为。

"大数据"不仅适用于大型企业,还适用于各种不同规模的企业。例如:通过评估某位客户在网站上的行为,来更好地了解他们需要什么支持或寻找什么产品,或者弄清当前天气和其他条件对于送货路线和时间安排的影响。

面对"大数据",Hadoop 为揭示深奥的企业与外部数据的关键内幕提供了基础。从技术上看,Hadoop 分布式文件系统(HDFS)保证了大数据的可靠存储,而 Hadoop 另一核心组件 MapReduce 则提供高性能并行数据处理服务。这两项服务提供了一个使对结构化和复杂"大数据"的快速、可靠分析变为现实的基础。

Hadoop 已经迅速成长为首选的、适用于非结构化数据的大数据分析解决方案。基于 Hadoop、利用商品化硬件对海量的结构化和非结构化数据进行批处理,给数据分析领域带来了深刻的变化。通过挖掘机器产生的非结构化数据中蕴藏的知识,企业可以做出更好的决策,促进收入增长,改善服务,降低成本。

Google 与 Hadoop 有着千丝万缕的联系。如前所述,Hadoop 主要是由 HDFS、MapReduce

和 Hbase 组成。而 HDFS 是 Google File System（GFS）的开源实现，MapReduce 是 Google MapReduce 的开源实现，HBase 是 Google BigTable 的开源实现。Hadoop 分布式框架很有创造性，而且有极大的扩展性，使得 Google 在系统吞吐量上有很大的竞争力。因此 Apache 基金会用 Java 实现了一个开源版本，支持 Fedora、Ubuntu 等 Linux 平台。

考虑到 Hadoop 在应对大规模非结构型数据中所起到的重要作用，微软也不得不放下架子，近日宣布开发一个兼容 Windows Server 与 Windows Azure 平台的 Hadoop 开源版本。

IBM 宣布在 Hadoop 上建立新的存储架构，作为群集运行 DB2 或 Oracle 数据库，目的是让应用程序支持高性能分析、数据仓库应用程序和云计算。

EMC 也推出了世界上第一个定制的、高性能的 Hadoop 专用数据协同处理设备——Greenplum HD 数据计算设备，为客户提供了最强大、最高效的方法，充分挖掘大数据的价值。

互联网搜索巨头百度公司也在考虑使用 Hadoop。不过，出于性能与安全的考虑，百度公司在采用 Hadoop 架构的时候，将 Hadoop 计算层进行了重新编写。

Hadoop 作为一种分布式基础架构，可以使用户在不了解分布式底层细节的情况下，开发分布式程序。

关于 Hadoop 的价值，思科公司的 James Urquhart 指出："Hadoop 可以说是不涉及任何现有专利的开源项目在企业软件方面所取得的首个里程碑式成功。"在业界，Hadoop 也赢得"庞大数据问题的通用解决方案"的头衔。

6. 百度公司搜索的 Hadoop 应用

百度公司作为全球最大的中文搜索引擎公司，提供基于搜索引擎的各种产品，几乎覆盖了中文网络世界中所有的搜索需求，因此，百度公司对海量数据处理的要求是比较高的，要在线下对数据进行分析，还要在规定的时间内处理完并反馈到平台上。百度公司在互联网领域的平台需求要通过性能较好的云平台进行处理了，Hadoop 就是很好的选择。在百度公司，Hadoop 主要应用于以下几个方面：

➢ 日志的存储和统计；

➢ 网页数据的分析和挖掘；

➢ 商业分析，如用户的行为和广告关注度等；

➢ 在线数据的反馈，及时得到在线广告的点击情况；

➢ 用户网页的聚类，分析用户的推荐度及用户之间的关联度。

MapReduce 主要是一种思想，不能解决所有领域内与计算有关的问题。

百度公司的研究人员认为比较好的模型应该如图 9-2 所示。HDFS 实现共享存储，一些计算使用 MapReduce 解决，一些计算使用 MPI 解决，而还有一些计算需要通过两者来共同处理。因为 MapReduce 适合处理数据很大且便于划分的数据，所以在处理这类数据时就可以用 MapReduce 做一些过滤，得到基本的向量矩阵，然后通过 MPI 进一步处理后返回结果，只有整合技术才能更好地解决问题。

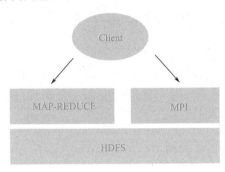

图 9-2　MapReduce 模型

百度公司现在拥有 3 个 Hadoop 集群，总规模在 700 台机器左右，其中有 100 多台新机器和 600 多台要淘汰的机器（它们的计算能力相当于 200 多台新机器），不过其规模还在不断地增加中。现在每天运行的 MapReduce 任务在 3000 个左右，处理数据约 120TB/天。

百度公司为了更好地用 Hadoop 进行数据处理，在以下几个方面做了改进和调整：

1）调整 MapReduce 策略

限制处于运行状态的作业任务数；

调整预测执行策略，控制预测执行量，一些任务不需要预测执行；

根据节点内存状况进行调度；

平衡中间结果输出，通过压缩处理减少 I/O 负担。

2）改进 HDFS 的效率和功能

权限控制，在 PB 级数据量的集群上数据应该是共享的，这样分析起来比较容易，但是需要对权限进行限制；

让分区与节点独立，这样，一个分区坏掉后节点上的其他分区还可以正常使用；

修改 DSClient 选取块副本位置的策略，增加功能使 DFSClient 选取块时跳过出错的 DataNode；

解决 VFS（Virtual File System）的 POSIX（Portable Operating System Interface of Unix）兼容性问题。

3）修改 Speculative 的执行策略

采用速率倒数替代速率，防止数据分布不均时经常不能启动预测执行情况的发生；

增加任务时必须达到某个百分比后才能启动预测执行的限制，解决 reduce 运行等待 map 数据的时间问题；

只有一个 Map 或 Reduce 时，可以直接启动预测执行。

4）对资源使用进行控制

对应用物理内存进行控制。如果内存使用过多会导致操作系统跳过一些任务，百度公司通过修改 Linux 内核对进程使用的物理内存进行独立的限制，超过阈值可以终止进程。

分组调度计算资源，实现存储共享、计算独立，在 Hadoop 中运行的进程是不可抢占的。

在大块文件系统中，X86 平台下一个页的大小是 4KB。如果页较小，管理的数据就会很多，会增加数据操作的代价并影响计算效率，因此需要增加页的大小。

百度公司在使用 Hadoop 时也遇到了一些问题，主要有：

MapReduce 的效率问题：比如，如何在 Shuffle 效率方面减少 I/O 次数以提高并行效率；如何在排序效率方面设置排序为可配置的，因为排序过程会浪费很多的计算资源，而一些情况下是不需要排序的。

HDFS 的效率和可靠性问题：如何提高随机访问效率，以及数据写入的实时性问题，如果 Hadoop 每写一条日志就在 HDFS 上存储一次，效率会很低。

内存使用的问题：Reducer 端的 Shuffle 会频繁地使用内存，这里采用类似 Linux 的 Buddy System 来解决，保证 Hadoop 用最小的开销达到最高的利用率；当 Java 进程内容使用内存较多时，可以调整垃圾回收（GC）策略；有时存在大量的内存复制现象，这会消耗大量 CPU 资源，同时还会导致内存使用峰值极高，这时需要减少内存的复制。

作业调度的问题：如何限制任务的 Map 和 Reduce 计算单元的数量，以确保重要计算可以有足够的计算单元；如何对 TaskTracker 进行分组控制，以限制作业执行的机器，同时还可以在用户提交任务时确定执行的分组并对分组进行认证。

性能提升的问题：UserLogs cleanup 在每次 Task 结束的时候都要查看一下日志，以决定是否清除，这会占用一定的任务资源，可以通过将清理线程从子 Java 进程移到 TaskTracker 来解决；子 Java 进程会对文本行进行切割而 Map 和 Reduce 进程则会重新切割，这将造成重复处理，这时需要关掉 Java 进程的切割功能；在排序的时候也可以实现并行排序来提升性能；实现对数据的异步读写也可以提升性能。

健壮性的问题：需要对 Mapper 和 Reducer 程序的内存消耗进行限制，这就要修改 Linux

内核，增加其限制进程的物理内存的功能；也可以通过多个 Map 程序共享一块内存，以一定的代价减少对物理内存的使用；还可以将 DataNode 和 TaskTracker 的 UGI 配置为普通用户并设置账号密码；或者让 DataNode 和 TaskTracker 分账号启动，确保 HDFS 数据的安全性，防止 Tracker 操作 DataNode 中的内容；在不能保证用户的每个程序都很健壮的情况下，有时需要将进程终止掉，但要保证父进程终止后子进程也被终止。

Streaming 局限性的问题：比如，只能处理文本数据，Mapper 和 Reducer 按照文本行的协议通信，无法对二进制的数据进行简单处理。为了解决这个问题，百度公司人员新写了一个类 Bistreaming（Binary Streaming），这里的子 Java 进程 Mapper 和 Reducer 按照（KeyLen，Key，ValLen，Value）的方式通信，用户可以按照这个协议编写程序。

用户认证的问题：这个问题的解决办法是让用户名、密码、所属组都在 NameNode 和 Job Tracker 上集中维护，用户连接时需要提供用户名和密码，从而保证数据的安全性。

百度公司下一步的工作重点可能主要会涉及以下内容：

内存方面，降低 NameNode 的内存使用并研究 JVM 的内存管理；

调度方面，改进任务可以被抢占的情况，同时开发出自己的基于 Capacity 的作业调度器，让等待作业队列具有优先级且队列中的作业可以设置 Capacity，并可以支持 TaskTracker 分组；

压缩算法，选择较好的方法提高压缩比、减少存储容量，同时选取高效率的算法以进行 Shuffle 数据的压缩和解压；对 Mapper 程序和 Reducer 程序使用的资源进行控制，防止过度消耗资源导致机器死机。以前是通过修改 Linux 内核来进行控制的，现在考虑通过在 Linux 中引入 cgroup 来对 Mapper 和 Reducer 使用的资源进行控制；将 DataNode 的并发数据读写方式由多线程改为 select 方式，以支持大规模并发读写和 Hypertable 的应用。

百度公司同时也在使用 Hypertable，它是以 Google 发布的 BigTable 为基础的开源分布式数据存储系统，百度公司将它作为分析用户行为的平台，同时在元数据集中化、内存占用优化、集群安全停机、故障自动恢复等方面做了一些改进。

7. 链家利用大数据分析客户需求

链家公司已经成立 18 年，线下经纪人 13 万名，围绕的线下房产交易，有大量的运营需求需要数据支撑，城市、商圈、门店的情况都需要细分。链家网于 2015 年成立大数据部门，开始构建基于 Hadoop 的技术体系，初期大数据部门以运营数据报表需求、公司核心指标需求为主。随着 2015 年链家网发力线上业务，数据需求量激增的情况也随之在 2016 年之后突显，数据量增至 PB 级。链家开始思考如何改变现状，如何高效支撑未来可预见的众多数据需求。

　　链家网大数据从最初的技术支持报表需求，到后来的技术实现自助报表需求，到现在的技术搭建平台提供数据分析、数据获取服务，这正是链家网大数据这一年多所经历的，其中涉及架构变迁、新技术方案的引入、大数据平台化等，如图 9-3 所示为链家的大数据平台设计图。

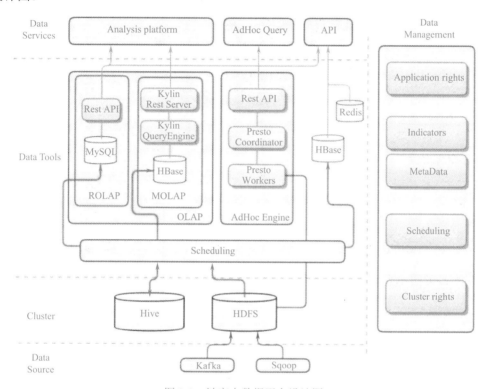

图 9-3　链家大数据平台设计图

　　以目前链家网大数据应用的需求为主，设计了上图中的几大部分。最上层提供数据服务，包括数据分析服务与数据 API 服务。中间构建大数据工具链，提供 OLAP 引擎、AdHoc 引擎与调度引擎，底层是集群部分，目前技术选型以开源为主，旁路的在做集群安全与集群调度工作。贯穿上、中、下三部分的数据管理，涵盖应用层的权限管理、全公司源数据与指标的管理平台、调度任务管理和集群权限管理。

　　如图 9-4 所示为利用大数据平台分析北京、上海、深圳三地的房地产情况，从综合房产数据、购房者、学区房/地铁房、链家网用户行为等角度进行了分析，通过真实交易及用户行为数据，为购房者提供专业的房产市场建议。

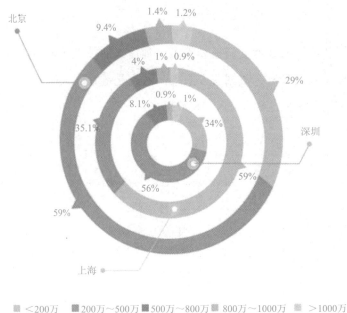

图 9-4 大数据分析房地产

9.4 墨迹天气处理每天 2TB 日志数据

1. 平台分析

北京墨迹风云科技股份有限公司于 2010 年成立，是一家以"做卓越的天气服务公司"为目标的新兴移动互联网公司，主要开发和运营的"墨迹天气"是一款免费的天气信息查询软件。"墨迹天气"APP 目前在全球约有超过 5 亿人在使用，支持 196 个国家 70 多万个城市及地区的天气查询，分钟级、公里级天气预报，实时预报雨雪。提供 15 天天气预报，5 天空气质量预报，实时空气质量及空气质量等级预报，其短时预报功能，可实现未来 2 小时内，每 10 分钟一次，预测逐分钟逐公里的天气情况。其平台如图 9-5 所示。特殊天气提前发送预警信息，帮助用户更好做生活决策。在墨迹天气上，每天有超过 5 亿次的天气查询需求和将近 20 亿次的广告请求，这个数字甚至要大于 Twitter 每天发帖量。墨迹天气已经集成了多语言版本，可根据手机系统语言自动适配，用户覆盖包括中国、日韩及东南亚、欧美等全球各地用户。墨迹运营团队每天最关心的是用户正在如何使用墨迹，在他们操作中透露了哪些个性化需求。这些数据全部存储在墨迹的 API 日志中，对这些数据分析，就变成了运营团队每天最重要的工作。墨迹天气的 API 每天产生的日志量大约在 2TB 左右，主要的日志分析场景是天气查询业务和广告业务。

图 9-5　墨迹天气平台

用户每天产生的日志量大约在 2TB。我们需要将这些海量的数据导入云端，然后分天、分小时地展开数据分析作业，分析结果再导入数据库和报表系统，最终展示在运营人员面前。整个过程中数据量庞大，且计算复杂，这对云平台的大数据能力、生态完整性和开放性提出了很高的要求。

之前墨迹使用国外某云计算服务公司的云服务器存储这些数据，利用 Hadoop 的 MapReducer 和 Hive 对数据进行处理分析，但是存在以下问题：

（1）成本：包括存储、计算及大数据处理服务成本比阿里云成本高。

（2）网络带宽：移动端业务量大，需要大量的网络带宽资源支持，但数据上传也需要占用网络带宽，彼此之间相互干扰造成数据传输不稳定。针对上述情况，墨迹将日志分析业务逐步迁移到阿里云大数据平台——数加平台之上。

新的日志分析架构如页面下方架构图如图 9-6 所示。

方案涉及的阿里云数加平台组件有：

➢ 阿里云数加——大数据计算服务 MaxCompute 产品地

➢ 大数据开发套件（DataIDE）

➢ 流计算（StreamCompute，规划中）

➢ 流式数据发布和订阅（DataHub）

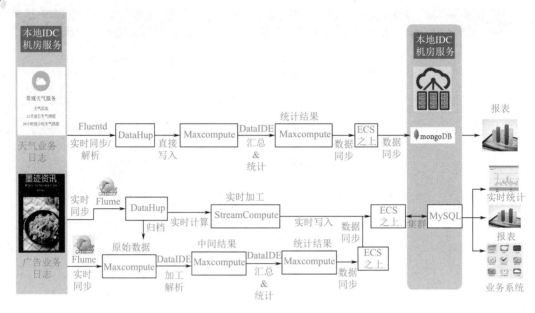

图 9-6 日志分析架构图

另外，由于每天产生的数据量较大，上传数据会占用带宽，为了不影响业务系统的网络资源，客户开通了阿里云高速通道，用于数据上传。通过此种手段解决了网络带宽的问题。

通过阿里云数加日志分析解决方案，墨迹的业务得到以下提升：

（1）充分利用移动端积累下来的海量日志数据。

（2）对用户使用情况和广告业务进行大数据分析。

（3）利用阿里云数加大数据技术，基于对日志数据的分析，支持运营团队和广告团队优化现有业务。迁移到 MaxCompute 后，流程上做了优化，省掉了编写 MR 程序的工作，日志数据全部通过 SQL 进行分析，工作效率提升了 5 倍以上。

（4）存储方面，MaxCompute 的表按列压缩存储，更节省存储空间，整体存储和计算的费用比之前省了 70%，性能和稳定性也有很大提升。

（5）可以借助 MaxCompute 上的机器学习算法，对数据进行深度挖掘，为用户提供个性化的服务。

（6）阿里云 MaxCompute 提供更为易用、全面的大数据分析功能。MaxCompute 可根据业务情况做到计算资源自动弹性伸缩，天然集成存储功能。通过简单的几项配置操作后，即可完成数据上传，同时实现了多种开源软件的对接。

2．大数据商业气象

墨迹将从两个方面来进军商业气象领域。一方面，会继续基于成熟的大数据技术和大数据人才资源，将天气监控做深。C 端用户提供"分钟预报"功能，可以做到方圆 500 米以内、未来 1 小时分钟级的天气监控和预报。在未来，墨迹会继续利用人工智能的深度学习，并提升算法，为 B 端企业级用户提供更为精准的预测，帮助他们做出企业决策。

另一方面，墨迹会继续拓展气象监控服务宽度。此前，墨迹推出了"气象+服务"，即根据 C 端用户生活场景的变化，为其提供衣食住行等方面的附加服务。将推出墨迹洗车，希望避免"洗车即下雨"，用户在洗车三天内如遇到雨天即可获得全额赔付。墨迹同样希望能为 B 端用户提供一站式服务，比如根据天气，企业可以提前制定好生产储存计划，合理安排物流的路线，把控运输时间，使生鲜食品的冷链物流避免不必要的损失。

如图 9-7 所示为墨迹气象数据。

图 9-7　墨迹气象数据

天气对市场有牵一发而动全身的影响。而如今，人们可以借助先进的大数据技术更清楚地预测天气对行业产生的"蝴蝶效应"。

气象 2.0 时代最主要的特点是大数据的挖掘和云平台的应用，通过移动互联网，极大提升了多向交互性，提供更多令人满意的产品和体验，为各行业的气象风险规避和气象效益发掘提供可能，而这些离不开实时互联、人工智能、按需定制和跨界挖掘。

气象大数据技术，简单说就是利用上面讲的气象数据，对于下面四个元素的统计评估和精确预测，这四种元素的分析难度从低到高分别是：温度、降水、风和辐射。最根本的气象学模型，是一个叫做全球气候模式（Global Climate Model）：求解大气流动的控制方程（Navier-Stokes Equations）这个模式需要非常大的运算量，目前预测能力最强的是欧洲气象局，还有日本、美国，中国气象局也在深入研究这个模式，我国气象局有一栋楼的服务器在运算，可见运营消耗不是一般商业公司可以承担的。而商业公司基本都是基于这个模式的数据输出来做分析，从中可以看到了几个技术发展的趋势，分别是：基于已有的较大尺度范围的气象数据，进行多源数据融合，降尺度以及利用深度学习在图像上的应用提高预测精准度。

商业气象服务在中国将是一个巨大的创业机会。气象数据的应用不仅仅局限于种植业、畜牧业，金融保险以及服装厂家等都对精确的气象预测有需求。

欧洲的气象服务已经全部商业化，年产值达到 2600 亿美元，美国 1600 亿美元，日本 100 亿美元，而中国只有 6 亿美元。根据"德尔菲气象定律"，企业气象投入产出比为 1∶98，即在气象信息上每投资 1 美元，便可以得到 98 美元的经济回报。

两家非常有代表性的公司，2013 年孟山都 9.3 亿美元收购 Climate Corporation，他们做的是相对中长期气象对于整个环境特别是农业的影响。另外一家是 2015 年 IBM 20 亿美元收购 The Weather Company 的 B2B 数据业务，The Weather Company 是一家天气预报的商业化公司，它旗下有电视台节目 The Weather Channel（天气频道），据统计，能覆盖 83.6%全美付费电视观众。IBM 收购的是它对接商业的部分和数据分析部分，为企业提供实时天气分析信息，帮助企业灵活决策。

思 考 题

1. 一个标准的分布式系统应该具备什么特征？
2. 简述常用的分布式方案有哪些。

第 10 章　云计算与大数据

云计算（Cloud Computing）是基于互联网的相关服务的增加、使用和交付模式，通常涉及通过互联网来提供动态易扩展且经常是虚拟化的资源。云是网络、互联网的一种比喻说法。过去在图中往往用云来表示电信网，后来也作互联网和底层基础设施的抽象表示。云计算甚至可以让用户体验每秒 10 万亿次的运算能力，拥有这么强大的计算能力可以模拟核爆炸、预测气候变化和市场发展趋势。用户通过电脑、手机等方式接入数据中心，按自己的需求进行运算。如图 10-1 所示为云端互联示意图。

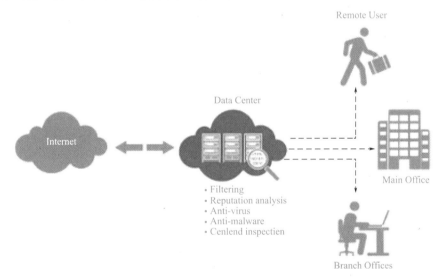

图 10-1　云端互联示意图

10.1　什么是云计算

1．传统的电脑

当启动一台个人电脑时，电脑所做的事，就是把硬盘上的操作系统（本文以微软的 Windows 8 为例，但也可以是 UNIX、Linux 等）的一些基本的控制程序调入到电脑的内存中去。一旦这个过程完成，这台电脑就完全由 Windows 控制了。所谓的电脑，其实就是在工作的 Windows。

对 Windows 而言，它所赖以运行的，只有电脑的处理器（CPU）、内存和存储设备（硬盘）这三个要素。电脑还有机箱，但那只是起着封装、固定、再加供电的作用；电脑还有主板起着电脑内各主要部件通信的作用。当然，可能还需要网络，但那只是一项外在资源，不是 Windows 本身所必需的。作为电脑还需要键盘和显示器等外部设备才能工作。如果是服务器，则不需要键盘和显示器，一切都可以是远程登录访问。

所以，一台电脑实质上就是在 CPU、内存和硬盘上运行的 Windows。当打开 Windows 的任务管理器，你就会发现，CPU 和内存大部分是闲置的。特别是 CPU，其利用率通常不到 10%。Windows 在硬盘占有的空间一般就是几个 GB。也就是说，一个 Windows 独占了电脑的全部资源，而大部分资源又都是闲置的。

那么，有没有这种可能：不让一个 Windows 单独控制一台机器，而是在一台机器上安装多个操作系统，并且让它们同时地运行？

上述猜想是有可能做到的，最好的方案就是虚拟化。

2．虚拟化

当安装一台电脑时，不再是安装普通的 Windows，而是安装一个资源调度程序，也叫"监控程序"（Hypervisor）。这个监控程序很小，大小取决于不同的厂家设定，小的只有 100 多 MB，大的也只有几个 GB。监控程序安装完成之后，会得到一个工作界面，用户通过这个界面设置一个网络连接（输入 IP 地址）。这个界面很简单，多数情况下用户可以通过浏览器从别的机器上访问这个界面。

一个 Windows 机器，实质上就是一个由 CPU、内存和硬盘组成的一个组合体。通过监控程序的界面，可以建立多个组合体。每个这种组合体，就是一台仿真的电脑。当监控程序创建一个仿真的电脑时，它实际上只是创建了两个文件：一个是关于这个组合体的配置信息（被分配了多少 CPU、多少内存、多少的硬盘）；另外一个文件仿真电脑的"硬盘"，这个仿真的"硬盘"实际上就是一个封装的文件（在有些情况下，也可以是多个文件）。

当单击"开机"来启动这个仿真的电脑时，监控程序开始实际为它分配 CPU 和内存、并且启动它。当然，这"台"仿真的电脑在第一次启动时，是没有安装任何操作系统的"裸机"，封装的文件也是空的，这时用户可以进行正常的系统安装（比如安装 Windows）。

对 Windows 而言，它只要能够得到所需要的 CPU、内存和硬盘就可以正常运行了，一切都和真的机器一样。对监控程序而言，这个 Windows 不是直接和硬件打交道的，一切资源都需要监控程序来调度和分配，所以这"台"Windows 机器（组合体）就是一台虚拟的机器，简称 VM。

这种通过监控程序把硬件的机器、同操作系统分开的过程，就是虚拟化。

当监控程序创建一个 VM 时，它就给 VM 配置资源的大小，比如 2 个 1GHz 的 CPU、2GB 内存和 100GB 硬盘。这样，这个 VM（Windows）就以为自己拥有了双核的 1GHz CPU、2GB 内存和 100GB 硬盘。但这只是 Windows 所能使用资源的上限，Windows 在实际运行中并不需要消耗那么多，监控程序只是给它按需分配实际消耗的资源，比如 0.1GHz CPU、0.5GB 内存和 20GB 硬盘。表现在实际的硬件消耗上，这 20GB 的存储量，就是实际硬盘上的那个 20GB 的封装文件。

一台电脑，可以通过监控程序创建几个、几十个、甚至上百个 VMs。比如，一台拥有 16GB 内存的 PC，用户可以创建 10 个 VMs，给每个 VM 分配 4GB 内存。看似总共分配出了 40GB 的内存，但 PC 的实际内存只有 16GB。

通过虚拟化，一个单台的硬件机器可以同时运行多个虚拟的机器（VMs）；更重要的是，虽然一个虚拟的 Windows 的系统盘上有成千上万个系统文件，但它表现在硬件的存储设备上，只是一个或几个打包的大文件。当用户把这一个或几个大文件移到别的地方，整个 VM 就移走了。

3. 配载调配和平衡

如果虚拟化的不只是一台机器，而是 A、B 两台，并且两台机器共享一个大的存储设备（硬盘阵列或硬盘库），那会怎样？

已知一个 VM 就是一个（或几个）大文件。如果这个大文件放在共享的存储设备上，A、B 两台机器上的监控程序都能看到这个 VM。那么，这个 VM 既可以在 A 机器上运行，也可以在 B 机器上运行。所谓在哪台机器上运行，是指通过那台机器上的监控程序，把 Windows 启动到其分配的虚拟内存。

假设 VM1 到 VM10 共 10 个 VMs 在 A 上运行，VM11 到 VM20 共 10 个 VMs 在 B 上运行。现在要对 A 进行关机维护，那么它上面的 10 个 VMs 就可以在线移动到 B 上，而且所有 10 个 Windows 都保持不间断，用户根本意识不到变化，因为所移动的，只不过是内存中的数据而已。

这个移动不是由 A 或 B 指挥的，而是由装在另外一个 C 机器上的专门的数据中心管理软件指挥的。

这个数据中心管理服务器 C，可以监控 A 和 B 的运行状态，一旦出现资源紧张，它可以自动触发在线迁移，把一个或多个 VM 移到对方的机器上运行。当然，这里需要一个事先设定的阈值标准。

如果是创建新的 VM，C 可以自动决定把新的 VM 放在哪台机器上。

这里只是假设 A、B 两台机器。实际上，C 可以管理几十、几百、上千台机器。共享的存储设备也不止一套，可以是多套（VMs 也可以在不同的存储设备间移动，只是移动的时间较长而已）。

C 通过各机器上的监控程序，间接管理所有的资源。

至此，云的雏形出现了，但还不是云。因为，所有的这些管理和控制，都还是数据中心自己的职责。用户还无法对所需要的资源进行自主管理。如图 10-2 所示为云计算概念图。

图 10-2　云计算概念

4．云的形成

数据中心服务器 C 可以不止有一个，也可以有多个。它们创建和管理的一些 VMs 也许可以供外界的用户访问（比如网站），但用户无法直接管理 VMs，更无法管理 C 提供的服务或资源。

1）资源池

现在，再加一个更上层的服务器 D——由它来管理一个或多个 C，这个 D 就是云服务器。

C 把各自管理的资源提交给 D，比如，一个或多个 C 共向 D 提供了 5000GHz CPU、3TB 内存、3PB 存储空间。D 再把所有资源组成一个"大池子"，叫作"资源池"。

这个池子的大小是可以动态变化的。当 C 控制的资源增加了、升级了，C 可以动态向这个庞大的资源池贡献资源，这个庞大的资源池也就随之增长得更大。

2）二次虚拟

为了便于分配和管理，D 把庞大的资源池划分成多个子集（小组），这每个子集就相当于一个虚拟的数据中心（或叫计算中心）。

D 再从各个计算中心里提取计算资源，创建一个个用户环境。每个用户环境就相当于一个"机房"，这个"机房"包括 CPU、内存、存储等资源。

D 同时还给用户提供登陆访问的接口。用户通常用浏览器来登录这个接口。

作为用户，当用浏览器连接到 D 提供的访问界面，就可以建立一个账户，并且输入信用卡号。这时，云服务器 D 就可以根据要求，提供所需要的"机房"。

这个"机房"的大小，完全根据用户的需求而定，比如可以包括 50GHz CPU、100GB 内存和 2TB 硬盘。这些"机房"的资源，都是由云服务器 D 从它的那些虚拟的"计算中心"里分配的。

通过层层抽象和虚拟，在每个"机房"里，用户看不到、也不用去关心每个计算资源实际来自哪里。

3）用户的自主管理

当用户拥有了一个"机房"，就可以开始工作：

建立多台虚拟的机器（VMs）。云商在机房里已经提供了很多现成的 VM 模板，有各种 Windows、Linux 等，用户可以随意拷贝过来、定制自己的配置、启动，当然也可以自己从初始安装。

4）连接到网络

网络也是计算资源。在谈及单个 VM 的时候可以暂不谈网络，但是在连接 VM 的时候就需要了。云在提供一个"机房"的时候，它已经就按需求提供了虚拟的交换机、路由器、IP 地址池等。这些网络资源，同样也是由数据中心服务器 C 提供给云服务器 D 的；C 则是从所管理的各个监控程序得到；各监控程序管理着实际的硬件网卡。

从用户的角度，各个"机房"是完全独立的，彼此是不可见的。用户在自己的"机房"里干任何事都干扰不了别人的"机房"，别的"机房"也干扰不了他。

这里再回溯一下云"机房"的来源：

"机房"←云服务器 D 管理的虚拟的"计算中心"←数据中心服务器 C 提供给 D 的资源池←C 动态管理 A、B 两台（或多台）机器所连接的计算资源←A、B 两台（或多台）电脑通过监控程序的虚拟化←PC。

在实际配置中，PC 一般为企业级的服务器所取代，如联想的 System X 服务器。但这些服务器和 PC 没有本质区别，性能和可靠性不同而已。

5. 云的种类

这里描述的云的建立过程和结构，只是一种比较普通和容易理解的形式。由于技术的不同、实现方式的不同，各家云的实现方式和结构会有很大的不同。但是，一些基本的概念是相同的，其共同的核心要点包括：

一定要有资源池。把分散的计算资源集中到大的资源池里，以方便统一管理和分配。例如前面讲的 D 所管理的资源池。

按需分配、自助服务。用户实际消耗多少资源，就被分配多少资源；用户对自己得到的资源能够自助管理。例如前面讲的"机房"。

灵活的资源变化。随便撤掉一台硬件的电脑，其上面的信息和活动会自动转移到别处；任意增加一台电脑，其资源会随时添加到资源池里。所有这些增减，用户根本意识不到。例如前面讲的"配载调配和平衡"。

一定要有记账系统。用户消耗了多少资源，如何给这些资源计费，系统有详尽的信息采集和报告，以便对用户收费（即使是免费，也得有详细的记账）。例如前面提到用户输入信用卡，就是以记账为前提。

在组建云的技术上，说到底，就是用软件产品（如前面提到的 C 和 D，并通过监控程序）来管理、组织和分配经过抽象或虚拟的硬件计算资源。除了个别企业用自己的技术建设和服务外，现在常见的云技术提供者主要有：VMware、微软、Citrix 和 OpenStack 等。前两者是完全的商业产品；Citrix 公司在监控程序上采用的是开源的 Xen；OpenStack 则完全是开源免费的，它的监控程序主要采用开源的 KVM 和 Xen，也可以是其他的开源软件。

按照服务的对象和范围，云可以分为三类：

➢ 私有云：建一个云，如果只是为了单位（企业或机构）自己使用，就是私有云。就前面提到的"机房"而言，每个"机房"只是为本单位的不同部门或不同用途而设立的。

➤ 公众云：如果云的服务对象是社会上的客户，就是公众云。前面提到的"机房"可以是任何社会上的企业、单位或个人。Amazon 公司的 AWS 是现在世界上最大的公众云。其他公众云提供商还有 Google、Salesforce、苹果的 iCloud 等。

➤ 混合云：如果一个云，既是为单位自己使用，也对外开放资源服务，就是混合云。有时，两个或多个私有云的联合，也叫混合云。

按照服务的模式，云又分为如下几类：

➤ 基础设施即服务（IaaS）：作为一个用户，如果得到了前面的"机房"，就拥有了信息系统的基础设施，可以安装多个服务器并配置自己的网络。由于这个基础设施完全是云所提供的服务，所以叫"基础设施即服务"。

➤ 平台即服务（PaaS）：用户不一定需要"机房"里的所有服务，比如只需要"机房"里的一个服务器作为公司软件开发的平台，那么，得到的这个平台也是以服务的形式出现的。

➤ 软件即服务（SaaS）：用户不需要管理一整个服务器，也不必关心服务器是怎么工作的，只需要掌握一种软件的功能。例如：只想管理公司的客户信息（CRM），就从云商那里得到完备的 CRM 软件功能。所以，软件也是服务。

➤ 其他（XaaS）：很多人使用 iCloud，实际上就用 iTunes 在"机房"里开了一个用户帐号，这个账号给你提供 5GB 的免费存储空间，如果还需要更大一点，你就需要输入信用卡号了。这是"存储即服务"。你还可以把 PC 放在云上（当然，你需要有一个小盒子能连到云上，这个小盒子还能连接显示器、键盘、鼠标等），这就是"桌面即服务"。"桌面即服务"有另外一个时髦的叫法，即"云桌面"。总之，都是 XaaS，你可以试着把 X 换成任何东西。

只要理解了前面说的"机房"，就可以理解它能提供的各式服务（XaaS），大到综合性的基础设施，小到单一的云存储，都只不过是"机房"里的不同服务而已。

6. 云计算的定义

对云计算的定义有多种说法。对于到底什么是云计算，至少可以找到 100 种解释。

现阶段广为接受的是美国国家标准与技术研究院（NIST）定义：云计算是一种按使用量付费的模式，这种模式提供可用的、便捷的、按需的网络访问，进入可配置的计算资源共享池（资源包括网络、服务器、存储、应用软件、服务），这些资源能够被快速提供，只需投入很少的管理工作或与服务供应商进行很少的交互。

7．主要的云计算服务厂商

1）百度云

百度云，是百度公司提供的公有云平台，2015 年正式开放运营。作为百度公司 17 年来技术沉淀和资源积累的统一输出平台，百度云秉承"用科技力量推动社会创新"的愿景，不断将百度公司在云计算、大数据、人工智能的技术能力向社会输出。

2016 年，百度公司正式对外发布了"云计算+大数据+人工智能"三位一体的云计算战略。百度云推出了 40 余款高性能云计算产品，天算、天像、天工三大智能平台，分别提供智能大数据、智能多媒体、智能物联网服务。为社会各个行业提供最安全、高性能、智能化的计算和数据处理服务，让智能的云计算成为社会发展的新引擎。

2）阿里云

阿里云创立于 2009 年，是全球领先的云计算及人工智能科技公司，为 200 多个国家和地区的企业、开发者和政府机构提供服务。截至 2016 年第三季度，阿里云客户超过 230 万，付费用户达 76.5 万。阿里云致力于以在线公共服务的方式，提供安全、可靠的计算和数据处理能力，让计算和人工智能成为普惠科技。

阿里云服务着制造、金融、政务、交通、医疗、电信、能源等众多领域的领军企业，包括中国联通、12306、中石化、中石油、飞利浦、华大基因等大型企业客户，以及微博、知乎、锤子科技等明星互联网公司。在天猫双 11 全球狂欢节、12306 春运购票等极富挑战的应用场景中，阿里云保持着良好的运行纪录。

3）亚马逊 AWS 云服务

亚马逊云服务是全球市场份额最大的云计算厂商。亚马逊公司于 2006 年推出了 AWS 服务，帮助其他公司利用亚马逊数据中心的设备去运行网络应用。通过 AWS，这些企业将没有必要再购买自己的软硬件设备，也不必再聘请 IT 工程师来管理这些技术基础设施。亚马逊企业计算业务每年能带来超过 60 亿美元的营收，以及约 10 亿美元的利润。

4）微软 Azure 云计算

微软 Azure 云计算融合了基础设施即服务和平台即服务，它可允许企业用户在公共云计算、私有云计算或者混合云计算环境之间进行选择。企业用户还可以选择让微软替代他们完全地管理这些环境。

Azure 是微软公司专为那些寻求将他们现有数据中心与公共云计算或私有云计算相连的企业而设计开发的。该平台支持流行的操作系统、工具、编程语言和框架等，具体包括 Windows、Linux、SQL Server、C#和 Java。

8. 云计算技术体系结构

云计算技术体系结构分为 4 层：物理资源层、资源池层、管理中间件层和 SOA 构建层，如图 10-3 所示。物理资源层包括计算机、存储器、网络设施、数据库和软件等；资源池层是将大量相同类型的资源构成同构或接近同构的资源池，如：计算资源池、数据资源池等。构建资源池更多是物理资源的集成和管理工作，例如研究在一个标准集装箱的空间如何装下 2000 个服务器、解决散热和故障节点替换的问题并降低能耗；管理中间件负责对云计算的资源进行管理，并对众多应用任务进行调度，使资源能够高效、安全地为应用提供服务；SOA 构建层将云计算能力封装成标准的 Web Service 服务，并纳入到 SOA 体系进行管理和使用，包括服务注册、查找、访问和构建服务工作流等。管理中间件和资源池层是云计算技术的最关键部分，SOA 构建层的功能更多依靠外部设施提供。

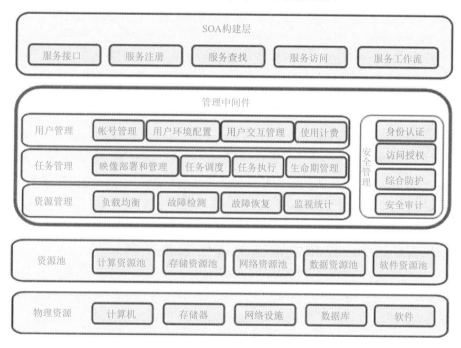

图 10-3　云计算架构

云计算的管理中间件负责资源管理、任务管理、用户管理和安全管理等工作。资源管理负责均衡地使用云资源节点，检测节点的故障并试图恢复或屏蔽之，并对资源的使用情况进行监视统计；任务管理负责执行用户或应用提交的任务，包括完成用户任务映象（Image）的部署和管理、任务调度、任务执行、任务生命期管理等；用户管理是实现云计算商业模式的一个必不可少的环节，包括提供用户交互接口、管理和识别用户身份、创建用户程序的执行环境、对用户的使用进行计费等；安全管理保障云计算设施的整体安全，包括身份认证、访问授权、综合防护和安全审计等。

10.2 云计算与大数据的关系

简单来说：云计算是硬件资源的虚拟化，而大数据是海量数据的高效处理。虽然这个解释也不是完全贴切，但是却可以帮助对这两个名字不太明白的人很快理解其区别。当然，如果解释更形象一点的话，云计算相当于计算机和操作系统，将大量的硬件资源虚拟化后再进行分配使用。

可以说，大数据相当于海量数据的"数据库"，通观大数据领域的发展可以看出，当前的大数据发展一直在向着近似于传统数据库体验的方向发展，传统数据库给大数据的发展提供了足够大的空间。

大数据的总体架构包括三层：数据存储，数据处理和数据分析。数据先要通过存储层存储下来，然后根据数据需求和目标来建立相应的数据模型和数据分析指标体系对数据进行分析产生价值。

而中间的时效性又通过中间数据处理层提供的强大的并行计算和分布式计算能力来完成。三者相互配合，这让大数据产生最终价值。

云计算发展的趋势是：云计算作为计算资源的底层，支撑着上层的大数据处理，而大数据的发展趋势是，实时交互式的查询效率和分析能力，"动一下鼠标就可以在妙极操作 PB 级别的数据"，确实让人十分期待。

10.3 基于云计算和大数据的现代农业平台

传统农业，浇水、施肥、打药等，农民全凭经验、靠感觉，他们面朝黄土背朝天地耕作，并把这些经验与方法一代代传授，延续至今。但是，这一切在物联网时代发生了变革。

针对目前智能农业监控平台建设中的问题，结合农业部等制定的农业信息化发展规划、各地智慧城市建设的推动和当地农业主管部门农业信息化建设的实践，分析智能农业监控平台的各类用户主体需求，结合物联网及云计算技术，提出了基于云计算的智能农业监控平台建设架构，如图 10-4 所示。

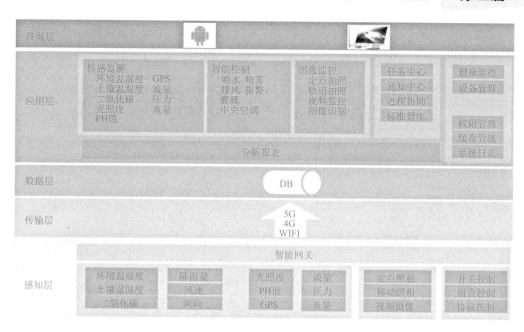

图 10-4　农业大数据平台

1. 智能农业监控平台系统架构

系统架构包括感知层、传输层、数据层、应用层、终端层。

● 感知层：终端各类传感设备的数据智能采集、终端控制设备接收指令并智能控制设备

感知层部署在现代农业温室大棚现场，包括通过继电控制器连接的环境控制机构、温室环境感知传感器、气象站、摄像机、麦克等音/视频通信采集设施。温度、湿度、光照、二氧化碳、土壤传感器、气象站对温室内外环境形成感知，风机、风窗、湿帘、遮阳帘、加热泵、二氧化碳发生器、滴灌系统等执行机构接入继电控制系统，执行环境调节控制。通过摄像机、麦克风等音/视频采集通信终端反馈环境控制结果以及农作物生长情况。

● 传输层：基于 5G、4G、WIFI 网络的安全数据通道

传输层主要负责对温室环境感知信息、继电控制器的控制信息及音/视频通信信息进行传输，其中，感知信息通过无线节点经中继、汇聚后接入物联网网关，经转换后通过广电网、移动网、互联网等多种网络途径接入云服务中心。

● 数据层：基于 SQL Server 企业级分布式数据存储

数据层主要包括农业相关的各种实时记录的大数据，如温度、湿度、光照、二氧化碳、土壤传感器等数据。

● 应用层：包括监控中心、报表中心、任务管理中心、交流中心、溯源中心、流程中心等核心业务实现，包括监控、报表，溯源等功能，实现展示数据、处理数据，分析数据。

● 终端层：智能手机及平板电脑客户端，iOS、Android 应用、电脑网页浏览及应用

客户端接入层中，各类用户通过用户门户访问云服务，汇聚云数据资源，用户接入层为各类用户提供不同的终端访问适配界面，方便用户使用。

2．农业食品溯源系统

农产品追溯是食品追溯中最复杂和最艰难的部分，目前除倍诺农产品追溯国际上还没有基于食品安全生产和全程供应链管理两方面完整对接的农产品可追溯系统。如图 10-5 所示为农业食品溯源平台。

图 10-5　农业食品溯源平台

农产品追溯体系的建设最主要的就是"一个中心和三大模块"，就是一个追溯云端数据中心，和生产者、监管部门和消费者三大模块。结合大数据、云计算以及物联网技术搭建一个云数据处理中心，把生产者、监管部门以及消费者连接起来。如图 10-6 所示为农产品溯源系统框架。

追溯科技通过整合监控设备、感应设备、物联网体系、溯源平台系统，实现动植物从育苗育种、种植养殖、加工、包装、销售等全过程的信息数据监控、通过信息录入、数据传递和资料汇总到绿色食品溯源平台，通过该平台特定的逻辑加密算法，生成绿色食品的唯一可追溯二维码，并将标签加贴在绿色食品外包装上，实现一个二维码标签对应一个批次的产品，成为保证绿色食品质量安全的关键认证。如图 10-7 所示为农产溯源节点信息。

图 10-6　农产品溯源系统框架

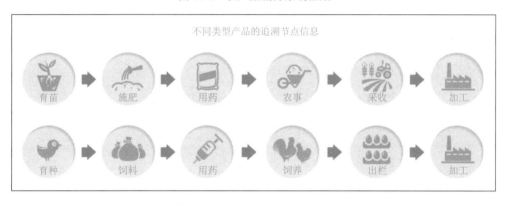

图 10-7　农业食品溯源节点信息

　　消费者利用产品上的二维码，可以通过手机微信、网站等多种方式查询绿色食品种植过程的相关信息，进行溯源信息的查询。不但可以从文字信息了解到相关绿色食品的各种信息，还可以切实查看到原产地的各类图片、影像资料以及原产地相关的温度、湿度、土壤酸碱度、大气 PM2.5 等各类与作物、动物生长、生存息息相关的信息资料。

　　原产地的各类信息进入系统后，与食品的下游信息进行传递和衍生，完成从生产开始到运输、销售等过程直到抵达最终消费者的餐桌上，消费者完成扫码溯源实现对原产生追溯流程。原产地溯源是中国绿色食品溯源平台体系的最重要的功能体系，一个简单的二维码标签不但是企业一个生产经营的安全保障，也是消费者对产品实力的认可和信心来源。如图 10-8 所示为农业食品溯源下游信息。

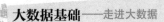

图 10-8　农业食品溯源下游信息

思 考 题

1. 云的种类有哪些?

2. 云计算的定义是什么?

第 11 章　大数据与人工智能

11.1　大数据与人工智能的区别

什么是人工智能（AI）呢？人工智能（AI）是通过研究、开发，来找到用于模拟、延伸和扩展人的智能的理论、方法、技术及应用系统的一门新的综合性的科学技术。其表现为：让计算机系统通过机器学习等方式，来获得可以履行原本只有依靠人类的智慧才能胜任的复杂指令任务的才能。

大数据主要目的是通过数据的对比分析，来掌握和推演出更好的方案。以视频推送为例，用户之所以会接收到不同的推送内容，是因为大数据根据用户日常观看的内容，综合分析其观看习惯，推断出哪些内容更符合用户兴趣，并向将其推送给用户。

而人工智能的开发，是为了辅助和代替人类更快、更好地完成某些任务或进行某些决定。其实，无论是汽车自动驾驶、自我软件调整或者是医学样本检查工作，人工智能都是在人类之前完成相同的任务，但区别就在于其速度更快、错误更少。其能通过机器学习的方法，掌握人类日常进行的重复性事项，并以其计算机的高效处理优势来达成目标。

11.2　大数据与人工智能的关系

人工智能这个概念从提出到现在已经经历了好几十年，那它为什么在十年前不爆发，而在现在这个时间点爆发？这是因为人工智能的飞速发展，背后离不开大数据的支持。

在大数据这个概念出现之前，计算机并不能很好地解决需要人去做判别的一些问题。所以说，如今的人工智能是数据智能。人工智能其实就是用大量的数据作导向，让需要机器来做判别的问题最终转化为数据问题，这就是人工智能的本质。而在大数据的发展过程中，人工智能的加入也使得更多类型、更大体量的数据能够得到迅速地处理与分析。

目前，人工智能发展所取得的大部分成就都和大数据密切相关。人工智能通过数据采集、处理、分析，从各行各业的海量数据中，获得有价值的信息，为更高级的算法提供素材。腾讯 CEO 马化腾曾表示："有 AI 的地方都必须涉及大数据，这毫无疑问是未来的方向。"李开复也曾在演讲中谈到："人工智能即将成为远大于移动互联网的产业，而大数据一体化将是通往这个未来的必要条件。""人工智能离不开深度学习，通过大量数据的积累探索，在任何狭窄的领域，如围棋博弈、商业精准营销、无人驾驶等，人类终究会被机器所超越。而 AI 技术要实现这一跨越式的发展，把人从更多的劳力劳动中彻底解放出来，除了计算能力和深度学习算法的演进，大数据更是其中的关键。"

人工智能在大数据的基础上的实现过程。如图 11-1 所示。

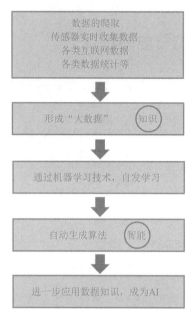

图 11-1　人工智能的实现

"智能"是高等动物才拥有的能力。"知识"可以在计算机硬盘、云端累积存储，但能够"恰当地运用"这些知识的，只有人类。这个过程中产生的运用知识的能力，才是"智能"。

数据就是"知识"，算法就是"智能"。随着计算机技术的迅猛发展，算法会被开发，并且自动生成。要实现人工智能，数据这种"知识"首先是基础，在数字化和云的时代，这个基础已经极其庞大，即所谓的"大数据"。在这个基础上，为了让知识能被运用起来，原本要靠程序员来编写程序——运用知识的方法和步骤，而随着深度学习等技术的发明和应用，机器可以在大数据中自己学习并生成算法，从而形成"智能"。

所以，很多技术的发展并不是独立和偶然的，而是相辅相成的。几年前在互联网界热议的大数据，如今成了人工智能的"知识"基础；而深度学习等技术，让计算机拥有"智能"成为可能。"知识"和"智能"的相遇，像 AlphaGo 这样的 AI 才得以诞生。这宣告了，信息（知识）时代已经落后，智能时代正在到来。我们拥有什么知识很重要，但最重要的是运用知识的能力。这一次，人类多了一个竞争对手：机器。

1．不败的"围棋泰斗"AlphaGo

AlphaGo 也可以说是"深蓝"的升级产品，它们结构不同，前者的"自主学习"能力更强。AlphaGo 不像深蓝那样需要依靠大量的计算部分，而是采用了更简洁更高效的计算方式。

围棋的棋盘为 19×19 的网格，比国际象棋复杂得多，因为它需要穷举的可能数是 10^{174}，科学家经过对围棋有可能出现的棋局变化进行统计，答案是 171 位数的天文数字：围棋的精确合法棋局数为：20816819938197998469947863334486277028652245388453054842563945682092741961273801537852564845169851964390725991601562812854608988831442712971531931755773662039724706484 0935。

上面公布的围棋合理局数统计数字比我们地球所有的沙粒数量还要多！比人类已知宇宙的所有星球数量还要多！

不过既然计算机都无法穷举，人类就更无法穷举了。所以计算机只需要计算能力比人更强，就可以击败人类，根本无须穷举即可获胜。

人类在下围棋时，人脑依然是被横竖线规则局限在对棋盘规则的计算中的，每一个棋手也都是通过自己的下棋经验判断对方的落子概率来尽可能推算多步以后的局面。由于围棋比国际象棋提供的计算博弈空间更大，因此人和人进行对弈时出现的计算能力较量也显得更有趣。有些大脑计算能力非常出色的人，可以算得比别人更精准，还能够将很多自己的绝杀套路布局在全盘棋中。但不管怎样，这个游戏的本质依然还是在比拼棋手大脑的计算能力。

而 AlphaGo 同样是采用这两种思路来进行计算的。一个是评估当前局势，另外一个是通过预测对手下一步各种走法的几率，来尽可能地算出更多步数后的优势。有了这两个基点以后，AlphaGo 就可以开始"穷举"计算了。目前为止，AlphaGo 至少已经输入了三千万种棋局，自我博弈超过一百万次以上。相信以后达到三亿种棋局，一千万次以上自我博弈；或三百亿种棋局，十亿次自我博弈也不是什么难事。

2．AlphaGo 的秘诀——深度学习

AlphaGo 由谷歌旗下 DeepMind 公司开发，主要工作原理是"深度学习"。

特别是在大数据方面的应用，深度学习和机器学习一样，也是需要一个框架或者一个系统的。企业不仅要创建一个大数据平台，还要有能力驾驭它，并对各个方面有全面的了解。总而言之，大数据通过深度分析变为现实就是深度学习和大数据的最直接关系。

谷歌在 Nature 发表论文阐述了其围棋 AI 程序 AlphaGo 的运行原理，谷歌围棋 AI 程序 AlphaGo 在下棋过程中主要通过四步完成工作，分别是：

第一步快速判断：用于快速地观察围棋的盘面，类似于人观察盘面获得的第一反应。

第二步深度模仿：AlphaGo 分析近万盘人类历史高手的棋局来进行模仿学习，用得到的经验进行判断。这个深度模仿能够根据盘面产生类似人类棋手的走法。

第三步自学成长：AlphaGo 不断与"自己"对战，下了 3000 万盘棋局，总结出经验作为棋局中的评估依据。

第四步全局分析：利用第三步学习结果对整个盘面的赢面判断，实现从全局分析整个棋局的目标。

如图 11-2 所示为 AlphaGo 下围棋。AlphaGo 之所以可以玩转围棋，是因为它具有两个大脑。一个叫做"策略网络"，负责选择下一步走法，类似于人类用直觉来下出好棋，开发团队也会事先给 AlphaGo 录入各种不同的参考棋谱。另一个"价值网络"，负责预测比赛胜利者，每走一步估算一次获胜方（而不是一直搜索到比赛结束），从而减少了运算量。两个大脑配合工作，将围棋巨大无比的搜索空间压缩到可以控制的范围之内。在与人类选手对战时，AlphaGo 往往盘中就能保持优势，而官子阶段会有退让。AlphaGo 使用这两种网络的方法是把非常复杂的搜索数减少到可操作的规模。所以，它并不是在每一步都要考虑几百种步数，而是只考虑"策略网络"提供几十种最有前景的步法，同时依靠"价值网络"减少搜索的深度。AlphaGo 并不是一次性搜索出直达比赛末尾的 300 多步，而是搜索更少的步数，比如 20 多步，并评估这些位置。

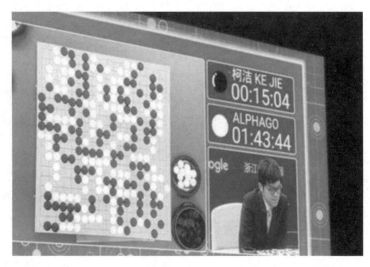

图 11-2　AlphaGo 下围棋

3. 读心术——脑机接口

BCI 是 Brain Computer Interface 的缩写，即脑机接口技术。它是在人或动物脑（或者脑细胞的培养物）与外部设备间建立的直接连接通路。如图 11-3 所示为脑机接口实验。

图 11-3　脑机接口实验

4. 脑电信号到底有多大

通过刺激具体的神经线路，研究人员能够提示一只果蝇拍打其左翅或是摇头，即便是对于这样一个小生物，也耗费了研究团队整整十年以每个细胞 10 亿字节的比率绘制 6 万个神经元。这甚至不足果蝇属大脑神经细胞的一半。若以此推算，利用同样的方式绘制人脑中的 860 亿个神经元将要花费 1700 万年。

2016 年 7 月，一个国际团队发表了人脑褶皱外层——大脑皮层的图谱。很多科学家认为这是到目前为止最详细的人脑连接图。然而，即便在其最高空间分辨率（1 立方毫米），每个立体像素（三维物体最小的可分辨元素）均包含数千万个神经元。

在神经生物学的世界里，大数据是极其庞大的。尽管计算机基础设施和数据传输技术一直在进步，"大数据"革命数十年前就席卷基因组学领域，如今神经科学家仍在努力应对他们所在领域的新革命。如图 11-4 所示为脑电数据。

脑机接口包括两个方面，第一个是"从脑到机"，捕获大脑的输出——记录神经元所说的话。这个技术的方向是意念控制，诸如意念打字、意念控制。第二个是"从机到脑"，将信息输入大脑或以其他方式改变大脑的自然脑电流——刺激神经元。目的在于创造超级大脑，可以想象如果人脑拥有电脑那样数据储存量会是一件多么恐怖的事，起码教育就不用从零开始，可以直接把人类现有的知识库直接输入到人脑里。

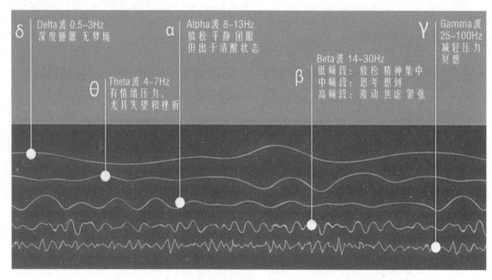

图 11-4　脑电数据

5. 真正的人工智能——计算机理解图片

当小孩看到图片时，能立刻识别出图上的简单元素，例如猫、书、椅子。现如今，计算机也拥有足够智慧做到这一点了。研究人员建立起了一个含有 1500 万张照片的数据库，并通过该数据库来教计算机理解图片。

照相机可以像这样获得照片：它把采集到的光线转换成二维数字矩阵（像素）来存储，但这些仍然是死板的数字，它们自身并不具备任何意义，就像"听到"和"听"完全不同，"拍照"和"看"也完全不同。通过"看"，人们实际上是"理解"了这个画面。大自然经过了 5 亿 4 千万年的努力才完成了这个工作，而这些努力中更多的部分是用在进化我们的大脑内视觉处理的器官，而不是眼睛本身。所以"视觉"从眼睛采集信息开始，但大脑才是它真正呈现意义的地方。

研究人员希望能教会机器像人类一样看见事物：识别物品、辨别不同的人、推断物体的立体形状、理解事物的关联、人的情绪、动作和意图。像人一样，只凝视一个画面一眼就能理清整个故事中的人物、地点、事件。实现这一目标的第一步是教计算机看到对象（物品），这是建造视觉世界的基石。在这个最简单的任务里，想象一下这个教学过程：给计算机看一些特定物品的训练图片，比如说猫，并让它从这些训练图片中，学习建立出一个模型来。这有多难呢？不管怎么说，一只猫只是一些形状和颜色拼凑起来的图案罢了，相当于一个抽象模型。研究人员用数学的语言，告诉计算机这种算法：猫有着圆脸、胖身子、两个尖尖的耳朵，还有一条长尾巴，这（算法）看上去挺合理的。但如果遇到一只蜷缩起来的猫，计算机就未必能准确识别出来。

6．LmageNet 项目

如果把孩子的眼睛看作是生物照相机，那他们每 200 毫秒就拍一张照——这是眼球转动一次的平均时间。所以到 3 岁大的时候，一个孩子已经看过了上亿张的真实世界照片。这种"训练照片"的数量是非常大的。所以，与其孤立地关注于算法的优化，不如把关注点放在给算法提供像那样的训练数据——婴儿们从经验中获得的质量和数量都极其惊人的训练照片。

由此可知要收集的数据集，必须比曾经任何数据库都丰富——可能要丰富数千倍。因此，研究人员在 2007 年发起了 ImageNet（图片网络）计划，运用互联网这个由人类创造的最大的图片宝库下载了接近 10 亿张图片，并利用众包技术（利用互联网分配工作、发现创意或解决技术问题）标记这些图片。在高峰期时，有来自世界上 167 个国家的近 5 万个工作者，共同筛选、排序、标记了近 10 亿张备选照片。

在 2009 年，ImageNet 项目——一个含有 1500 万张照片，涵盖了 22000 种物品的数据库诞生了。这些物品根据日常英语单词进行分类，无论是在质量上还是数量上，都是一个规模空前的数据库。例如：在猫这个对象中，有超过 62000 只长相各异，姿势五花八门的猫，而且涵盖了各种品种的家猫和野猫。

有了用来培育计算机大脑的数据库，就可以将大数据应用于算法中。ImageNet 横空出世，它提供的信息财富完美地适用于一些特定类别的机器学习算法——"卷积神经网络"。就像大脑是由上十亿个紧密联结的神经元组成，神经网络里最基础的运算单元也是一个个"神经元式"的节点。每个节点从其他节点处获取输入信息，然后把自己的输出信息再交给另外的节点。此外，这些成千上万，甚至上百万的节点都被按等级分布于不同层次，如同大脑一样。在一个用来训练"对象识别模型"的典型神经网络里，有着 2400 万个节点，1 亿 4 千万个参数，和 150 亿个联结。借助 ImageNet 提供的巨大规模数据支持，通过大量最先进的 CPU 和 GPU 来训练这些堆积如山的模型，卷积神经网络以难以想象的方式蓬勃发展起来，在对象识别领域，产生了激动人心的新成果。

为了教计算机看懂图片并生成句子，"大数据"和"机器学习算法"的结合需要更进一步。现在，计算机需要从图片和人类创造的自然语言句子中同时进行学习，就像人类的大脑把视觉现象和语言融合在一起。ImageNet 项目开发了一个模型，可以把一部分视觉信息、像视觉片段，与语句中的文字、短语联系起来。

思 考 题

1. 大数据与人工智能的区别？

2. 简述 Alphago 如何开展计算？

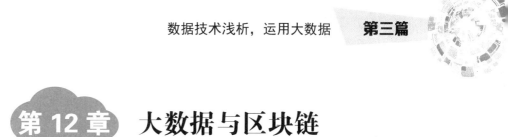

第 12 章　大数据与区块链

12.1　什么是区块链

这是一个变化的年代，当很多人还没有搞懂 PC 互联网的时候，移动互联网来了，当很多人还没弄懂移动互联网，大数据来了。而今天，很多人还没弄懂大数据，区块链又来了。

区块链技术被认为是继蒸汽机、电力、互联网之后，下一代颠覆性的核心技术。如果说蒸汽机解放了人们的生产力，电力解决了人们基本的生活需求，互联网彻底改变了信息传递的方式，那么区块链作为构造信任的机器，将可能彻底改变整个人类社会价值传递的方式。那什么是区块链呢？

1. 区域链的定义

区块链，是比特币的底层技术架构，它在本质上是一种去中心化的分布式账本。区块链技术作为一种持续增长的、按序整理成区块的链式数据结构，通过网络中多个节点共同参与数据的计算和记录，并互相验证其信息的有效性。从这一点来说，区块链技术也是一种特定的数据持久化技术。由于去中心化在安全、便捷方面的特性，很多业内人士看好其发展，认为它是对现有互联网技术的升级与补充。

2. 区块链的特性

从区块链的定义可以看出区块链具有去中心化、不可篡改、可信任、可追溯、全网记账等优势，具备颠覆传统行业的可能，使得相关业务公开化、透明化、公正化。它有如下三个特性：

区块链是"去中心化"的。去中心化的本意是指，每个人参与共识的自由度。既有参与的权力，也有退出的权力。在代码开源、信息对称的前提下，参与和决策的自由度，即意味着公平。

区块链是公开的。在区块链中，用户随时都能见到一切，它是公开透明的。

区块链是加密的。区块链使用强大的加密技术来维护虚拟安全。除了强有力的外部防御外，区块链没有中央数据库，因此无法被黑客入侵。

12.2 区块链与大数据的关系

区块链促进大数据产业蓬勃发展。区块链的可信任性、安全性和不可篡改性，正在让更多数据被释放出来。

1．区块链使大数据极大降低信用成本

未来的信用资源从何而来？其实中国正迅速发展的互联网金融行业已经告诉了我们，信用资源会很大程度上来自大数据。

通过大数据挖掘建立每个人的信用资源是件很容易的事，但是现实并没有如此乐观。关键问题就在于现在的大数据并没有基于区块链而存在，大型互联网公司几乎都是各自垄断，导致了数据孤岛现象。

在经济全球化、数据全球化的时代，如果大数据仅仅掌握在互联网公司手中的话，全球的市场信用体系建立是无法去中心化的。如果使用区块链技术让数据文件加密，直接在区块链上做交易，那么交易数据将来可以完全存储在区块链上，成为用户个人的信用，所有的大数据将成为每个人产权清晰的信用资源，这也是未来全球信用体系构建的基础。

2．区块链是构建大数据时代的信任基石

区块链因其"去信任化、不可篡改"的特性，可以极大地降低信用成本，实现大数据的安全存储。将数据放在区块链上，可以解放出更多数据，使数据真正"流通"起来。基于区块链技术的数据库应用平台，不仅可以保障数据的真实、安全、可信，如果数据遭到破坏，还可以通过区块链技术的数据库应用平台灾备中间件进行迅速恢复。

3．区块链是促进大数据价值流通的管道

"流通"使得大数据发挥出更大的价值，类似资产交易管理系统的区块链应用，可以将大数据作为数字资产进行流通，实现大数据在更加广泛的领域应用及变现，充分发挥大数据的经济价值。

数据的"看过、复制即被拥有"等特征，曾经严重阻碍数据流通。但基于去中心化的区块链，却能够破除数据被任意复制的威胁，从而保障数据拥有者的合法权益。区块链还提供了可追溯路径，能有效破解数据确权难题。有了区块链提供安全保障，大数据的应用将更加广泛。

12.3　区块链与大数据的案例

区块链是底层技术，大数据则是对数据集合及处理方式的称呼，在国家大数据战略的号召下，区块链企业应当专注于自身技术的发展，注重与其他新技术的结合，注重赋能实体经济的社会意义。

1. 消费数据洞察平台量数 AI 上线

2019 年 3 月 18 日，来自香港和旧金山的 MDT 量数公司宣布，其大数据产品量数 AI 发布公测版本，任何用户都可免费注册量数 AI 账户，并前往大数据平台查阅。目前所免费开放的数据类别是移动应用 App 的内购收入。用户可在自己的试用账号中查看到热门 App 的收入趋势、营收分布、用户重叠、对比等。

数据保护与隐私泄露，是近几年来横跨科技、商业、政治多个领域的热点议题之一。许多科技公司和机构都曾设想，人们是否可以通过合理的方式出售大数据来获得收益，拿回自己对数据的使用权。

MDT 量数在 2017 年首次提出了去中心化的大数据经济生态，"量数" 意在测量普通用户贡献匿名大数据的价值，并将其数据所产生的价值归还给用户，让用户可以 "用自己的数据来赚钱"。

在这个生态内，用户只需要像往常一样使用自己所熟悉的产品。当用户的数据在区块链上被某些数据产品所收录、调用，并产生交易的时候，用户也将获得相应的收益。区块链完美地解决了数据交易中匿名和溯源无法共存的矛盾，也可以让数据买家确保自己买到真实有效的数据。

而在这个生态中，面向企业商家的核心产品量数 AI 是一个将区块链与大数据完美结合的消费洞察平台。该平台基于海量的真实用户的消费数据，为商家提供趋势报告及洞察，服务于电商、游戏、移动应用、旅游出行、投资机构等不同行业的客户。

量数 AI 对标美国大数据公司 Slice（Slice 于 2014 年被日本最大电商公司乐天 Rakuten 收购）。Slice 通过一款帮助用户管理追踪网购包裹的 App，收集三百万美国用户的电商购物数据，并开发大数据消费洞察平台 Slice Intellignce，专注电商类别的数据。Slice 由前咨询公司尼尔森高管在 2010 年成立，总部位于美国硅谷。

与 Slice 有所不同的是，量数 AI 所覆盖的数据不局限于美国，而且所有数据交易将在区块链上完成，所有数据贡献者都能获得奖励。在区块链的世界里，数据不会只是存储在某几家公司的服务器上，而是安全地、分布式地存放在整个互联网中的无数个计算机上。用户作为数据的生产者，可以利用区块链的匿名属性参与到整个区块链上的数据生态里来，同时也不需要暴露自己的隐私信息。个体与个体之间，公司与公司之间，交换数据的速度将变得更快，交换成本也将大大降低。

量数 AI 的数据来源为量数生态中的电邮应用 MailTime 简信。该应用于 2014 年正式上线应用商店，在全球被各大应用商店共推荐过 2000 次，曾被苹果应用商店评为 2015 年度最佳应用，目前在全球积累了超过 1000 万下载量和超过 200 亿匿名交易记录。

MailTime 简信提供的数据来自真实的用户电子消费收据。例如：每当用户在电商网站、游戏平台、机票酒店等网站进行消费，其电子邮件的收件箱均会收到相应的电子收据。而这些收据在经过脱敏、匿名、聚合处理后，将被汇聚成有价值的商业趋势。这些具体到购买项目细节级别的数据将为商家提供清晰的消费者洞察。

量数 AI 中各个维度的数据均来自于量数生态内的用户，当这些用户的数据被量数 AI 录用，用户将在量数生态中面向消费者的客户端数据钱包 MyMDT 中查看到最新的数据收益。目前，量数生态中的两个客户端 MyMDT 及量数 AI 均已开放免费公测版本，供用户试用。

MDT 量数相关负责人表示，无论是 MyMDT 还是量数 AI，他们的目标始终很明确——想要建立一种更透明公正的数据交易机制，让用户能够按自己的意愿支配，甚至出售自己的数据，同时让数据买家买到深入准确的数据洞察。

2．迅雷带头突破区块链技术瓶颈

迅雷链是全球最大规模 ToC 区块链商业生态，创造性地将共享计算和区块链相结合，具备全球领先的百万 TPS 高并发、秒级确认的处理能力，致力于成为现象级区块链应用的摇篮，赋能实体经济。迅雷链搭建了区块链技术应用的开放平台，企业和个人开发者可以轻松将业务上链。依靠技术上的性能优势和一站式扶持政策，迅雷链吸引了大量开发者上链，逐渐成为各行各业开发者成长的沃土，为开发者提供专注于应用创新和功能开发的优质环境。而大量开发者和应用的加入，也让迅雷链生态得到极大丰富，生态本身的力量日趋强大。如图 12-1 所示为迅雷链发展简介。

2018 年 7 月 6 日，专为区块链打造了数据云存储与授权分发的开放式文件系统——迅雷链文件系统 TCFS 诞生。此时正逢区块链 3.0 时代践行之时，大文件和大块数据上链的诉求开始出现。恰逢其时，TCFS 可以满足这个诉求。相较于行业里现行的文件系统，TCFS

整合了 IPFS 热门文件永不丢失和 Filecoin 避免冷门文件丢失的两大技术特性，具备高可用性、高性能、高安全性、高灵活性，实现了存储效果最大化，这也为大数据上链铺平了道路。

迅雷链——全球区块链3.0时代的代表性主链

迅雷链已进入技术开放、扶持各类区块链应用落地的实用阶段，让中国区块链事业，不因行业乱象而错失发展机遇，致力于成为探索区块链在实体产业中落地的引领者。

区块链1.0

区块链1.0是以比特币为代表的数字货币应用，其场景最多单一的支付、流通等数字货币职能。不具备多元的应用场景落地能力。

区块链3.0

区块链与实体经济相结合，在实际的应用场景中落地，并达到规模性应用，被认为是区块链3.0时代到来的核心标志。迅雷作为区块链3.0的代表，在全世界范围内率先实现了百万TPS高并发、秒级确认的处理能力，迅雷链在性能和生态建设上，相比区块链1.0和2.0，均取得了代差级领先，具备了支持超大规模应用、实际场景落地的能力，特别是在实体经济领域，迅雷超级区块链具备了超强赋能能力。

区块链2.0

区块链2.0是数字货币与智能合约相结合，以太坊为代表的区块链2.0引入了智能合约，提供了可以构建应用的区块链平台，但应用范围有限，无法做内容分发等以太坊之外的应用；目前以太坊的TPS约为每秒钟7-15笔，而Visa的TPS约为每秒钟5000到8000笔，这种并发量没有办法支持大规模应用。

图 12-1　迅雷链发展简介

自 TCFS 上线之后，迅雷链上的开发者与应用规模迅速增长，围绕迅雷链搭建的开发者生态已极大完善。凭借自身在区块链技术上的突破与创新，迅雷还宣布将陆续推出商品溯源、社会公益、新零售、分布式云存储、供应链金融、医疗健康六大区块链技术解决方案，以推动多行业领域里现象级区块链应用落地，赋能多行业实体经济发展。在这六大区块链技术解决方案中，大数据的技术优势也得到了充分发展，区块链与大数据结合，将让今天无法简单量化和计价的社会关系、个人背景、时间精力等逐步量化为社会资产。

思　考　题

1. 区块链有什么特性?
2. 简述区块链与大数据的关系。

第 13 章 大数据思维

13.1 从机械思维到大数据思维

机械思维。今天说起机械思维，很多人马上想到的是死板、僵化，觉得是非常落伍的想法。但是在两个世纪之前，这可是一个时髦的词，就像如今的互联网思维、大数据思维一样时髦。可以毫不夸张地讲，在过去的三个多世纪里，机械思维可以算得上是人类总结出的最重要的思维方式，也是现代文明的基础。今天，很多人的行为方式和思维方式其实依然没有摆脱机械思维。

那么，机械思维是如何产生的？为什么它的影响力能够延伸至今，它和我们将要讨论的大数据思维又有什么关联和本质区别呢？

不论经济学家还是之前的托勒密、牛顿等人，他们都遵循着机械思维。如果我们把他们的方法论做一个简单的概括，其核心思想有如下两点：首先，需要有一个简单的源模型，这个模型可能是假设出来的，然后再用这个源模型构建复杂的模型；其次，整个模型要和历史数据相吻合。这在今天动态规划管理学上还被广泛地使用，其核心思想和托勒密的方法论是一致的。

后来人们将牛顿的方法论概括为机械思维，其核心思想可以概括为：

第一，世界变化的规律是确定的，这一点从托勒密到牛顿大家都认可；

第二，因为有确定性做保障，因此规律不仅是可以被认识的，而且可以用简单的公式或者语言描述清楚。这一点在牛顿之前，大部分人并不认可，而是简单地把规律归结为神的作用；

第三，这些规律应该是放之四海而皆准的，可以应用到各种未知领域指导实践，这种认识是在牛顿之后才有的。

这种强调"因果逻辑"的机械思维，的确给人们社会带来了巨大的进步。然而进入互联网时代之后，人们越来越发现，代表着确定性的机械思维已经远远不能满足时代的发展了。

这是因为，人们逐渐认识到：世界其实是不确定的。一方面世界的本质就是不确定的；

另一方面影响世界的变量太多，我们没办法用简单的公式将他们全部囊括进来，比如蝴蝶效应的发生。

在这种情况下，大数据的价值就出来了。伴随着数据的大量积累和统计数学的发展，人们惊喜地发现，在数据量达到一定程度的时候，数据和数据之间的关联可以反映出某些意想不到的结果。

大数据思维，简单说就是：承认世界是不确定的；利用大数据可以消除这种不确定性；因果关系可以利用数据间的相关关系进行代替。

13.2　什么是数据基本思维

大数据真正的本质不在于"大"，而是在于背后跟互联网相通的一整套新的思维。可以说，大数据带给我们最有价值的东西就是大数据思维。因为思维决定一切。

那么，什么是大数据基本思维呢？这需要从以下四个方面来说明。

第一，由样本思维到全量思维。

过去，人们通常是用样本数据研究来进行数据分析，样本是指从总体数据中按随机抽取的原则采集的部分数据。这是因为传统的技术手段很难进行大规模的全量分析。例如：过去进行全国人口普查，需要大量基层人员挨家挨户地入户登记。这种统计方式工作周期长、效率低下，但由于受到技术条件的制约，也只能这样做。户口登记完成后，一个阶段内分析人员都是基于样本思维在做分析和推测。而到了大数据时代，很多信息已经实时数据化、联网化，同时新的大数据技术可以快速高效地处理海量数据。这样，人们花费更低的成本、更少的代价很容易就能做到全量分析。样本分析是以点带面、以偏概全的思维，而全量分析真正反映了全部数据的客观事实。因此在大数据时代，人们应从样本思维转化到全量思维。

第二，由精准思维到模糊思维。

传统数据数据量小，在进行数据分析时，可以实现精准化，甚至细化到单条记录。在出现异常的时候，还能对单条数据做异常原因深究工作。但是，随着信息技术的发展，数据量空前爆发，短时间内就会产生巨量的数据，这种情况下关注细节已变得十分困难。另外，即使基于精准分析得出的规律，在海量数据面前也很有可能产生变异甚至突变。所以，大数据时代的分析更强调大概率事件，即所谓的模糊性。这不等于抛弃了严谨的精准思维，而是人们应该培养大数据下的模糊思维。比如 Google 对流感的预测就是一种模糊思维。

Google 会通过人们的搜索记录，来预测某个地区发生流感的可能性，虽然这种预测不可能绝对精准，但概率却很高。

第三，由因果思维到关联思维。

因果思维在我们的头脑中根深蒂固，很多人从小就接受了这种训练和培养。所以，当我们看到问题和现象的时候，总是不断问自己为什么。但学习数据挖掘的人还会运用关联思维，这里有一个"啤酒与尿布"的故事。沃尔玛的工作人员在按周期统计产品的销售信息时，发现了一个非常奇怪的现象：每到周末的时候，超市里啤酒和尿布的销量就会突然增大。为了搞清楚其中的原因，他们派出工作人员进行调查。通过观察和走访之后，他们了解到，在美国有孩子的家庭中，太太经常嘱咐丈夫下班后要为孩子买尿布，而丈夫们在买完尿布后又顺手带回了自己爱喝的啤酒，因此周末时啤酒和尿布销量一起增长。弄明白原因后，沃尔玛打破常规，尝试将啤酒和尿布摆在一起，结果使得啤酒和尿布的销量双双激增，为公司带来了巨大的利润。通过这个故事我们可以看出，本来尿布与啤酒是两个风马牛不相及的东西，但如果关联在一起，销量就增加了。在数据挖掘中，有一个算法叫关联规则分析，用于挖掘数据关联的特征。

还有一个调查可以说明因果关系和关联关系。

大数据调查发现，医院是排在心脏病、脑血栓之后的人类第三大死亡原因，全球每年有大量的人死于医院。当然，这个结论很可笑，因为我们都清醒地知道，死于医院的原因是这些人本来就有病，碰巧在医院死了而已，并非医院导致其死亡。于是，医院和死亡建立了一种相关关系，但这两者之间并不存在因果关系。

在大数据时代，我们不能局限于因果思维，而要多用关联思维看待问题。

第四，由自然思维到智能思维。

自然思维是一种线性、简单、本能、物理的思维方式。虽然计算机的出现极大地推动了自动控制、人工智能和机器学习等新技术的发展，"机器人"研发也取得了突飞猛进的成果并得到一定应用，人类社会的自动化、智能化水平已得到明显提升，但人类这种机器的思维方式始终面临瓶颈而无法取得突破性进展。然而，大数据时代的到来，为提升机器智能带来契机，因为大数据将有效推进机器思维方式由自然思维转向智能思维，这才是大数据思维转变的关键所在。

人脑之所以具有智慧，是因为它能够对周遭的数据信息进行全面收集、逻辑判断和归纳总结，获得有关事物或现象的认识与见解。同样，在大数据时代，随着物联网、云计算、社会计算、可视技术等突破发展，大数据系统也能够自动地搜索所有相关的数据信息，并进而类似"人脑"一样主动、立体、逻辑地分析数据、做出判断、提供洞见，那么，无疑也就具有了类似人类的智能思维能力和预测未来的能力。

"智能、智慧"是大数据时代的显著特征，所以，我们的思维方式也要从自然思维转向智能思维，以适应时代的发展。

通过以上的内容我们不难看出，大数据时代的到来，给我们带来了思维的改变。大数据不仅将改变每个人的日常生活和工作方式，还改变商业组织和社会组织的运行方式。只有我们的思维升级了，我们才可能在这个时代透过数据看世界，比别人看得更加清晰，从而在大数据时代有所成就。

13.3 大数据应用思维

1. 大数据流量思维

互联网飞速发展的今天，虽然商业的本质没变，但是经营流量已经没有过去那么简单，需要大胆创新，适应新型互联网用户的消费心理需求，才能作好新时代的"流量主"。

hao123 作为一个简单的网站，曾风靡一时。国内很多网民的上网经历，就是从 hao123 开始的。因巨大的流量及广告收入，该网站被百度公司以千万美元收购。如图 13-1 所示为 hao123 平台。

图 13-1　hao123 平台

用 hao123 的人很多，所以 hao123 对用户来说是有用的。其用处就是能够让大部分人通过 hao123 方便快速地到达想去的网站，也就是说 hao123 为那些网站"介绍"了用户，比如：天猫超市，用户中有相当一部分就是他的客户。

既然 hao123 能为天猫超市带去客户，那么 hao123 向天猫超市收"介绍费"是很正常的，所以 hao123 从天猫超市那里收到了"介绍费",也就是广告费;同理,对于淘宝网、1 号店、苏宁易购等,hao123 同样可以收取广告费,而这些广告费的多少是根据 hao123"介绍"用户的多少来确定的,这就是所谓的流量,网站流量大,赚取的广告费就多。这就是 hao123 赚钱的模式,也就是业界的"靠流量赚钱"模式。

2. 大数据整合思维

以手机为例,运营商可以通过对用户手机的信息进行分析,轻而易举地知道其亲朋好友的联系方式,根据开机、关机时间知道用户的作息习惯,用户几时固定出现在某个地方,出行工具是什么等。在一定意义上,只要运营商想知道,他都可以通过你的手机获得相应信息。

也许很多人会愤怒,信息化在方便生活的同时,也在逐步瓦解用户隐私,个人习惯、爱好就这样暴露在陌生人的眼前,更可怕的是用户还不知道这些数据会被用来做什么。但这种现状很难改变,因为在信息化时代用户不可能离开互联网和手机。

相比消费者的无奈,对于营销人员来说,大数据时代的来临,整合营销传播活动是可喜的,它将带来前所未有的机遇。在大数据时代,如果你有一个平台,你就可以知道目标受众的"定位"信息,再加以收集、整合和分析,就可以得出相应的营销手段。所以,不得不说在大数据时代,营销人员的整合思维模式是相当重要的。

3. 大数据点滴思维

大数据可以服务我们生活的点点滴滴,做到小而全,精确满足服务需求。

在腾讯云开放平台,腾讯云推出了一些新的物联网解决方案。其中包括"智慧厕所"解决方案,如图 13-2 所示。在智慧厕所的介绍中,利用物联网传感技术,结合微信小程序的优势,打造厕所实时感知平台,为智慧旅游提供更便捷、更智能的服务。根据用户行程、位置、喜好、厕所实时情况提供距离近、环境好、排队少等智能推荐。腾讯云提供对接标准协议与存储分析服务,智能硬件采集信息并传输,各种场景用户从腾讯云接口获取数据并应用到相应 APP 或小程序。腾讯云智慧厕所解决方案支持客户一站式快速部署,轻量级方案可在一天内部署完毕并立即上线运行。该智慧厕所场景适用于旅游景区、飞机场、火车站和 CBD 商业楼宇等地。

图 13-2　智慧厕所方案

思　考　题

1．大数据基本思维有哪些？

2．大数据有哪些应用思维？

第 14 章 数据安全

14.1 什么是数据安全

1. 勒索病毒引发数据安全危机

病毒界面

2017 年 5 月 12 日，全球近百个国家和地区遭受到一种勒索软件的攻击，我国一些行业和政府部门的计算机也受到了感染，造成了一定影响。截至北京时间 2017 年 5 月 14 日中午，已有多达 150 个国家的 20 万台电脑遭勒索病毒侵害。而且，目前该病毒还在不断地蔓延，但传播速度已经明显放缓。这次的病毒是一款名为 WannaCry 的勒索软件，是一种新型态的电脑病毒。

这一电脑病毒主要针对运行微软视窗系统的电脑。电脑受感染后会显示一个信息，表示系统内的档案已被加密，用户须向黑客支付约 300 美元的比特币来赎回档案。若三天内未收到赎金，这笔钱将翻倍；若七天内还是没收到，就会把所有文件删除。

15 日，就"蠕虫"式勒索软件攻击事件，中央网信办网络安全协调局负责人表示，几天来应对该勒索软件的实践表明，对广大用户而言最有效的应对措施是要安装安全防护软件，及时升级安全补丁，即使是与互联网不直接相连的内网计算机也应考虑安装和升级安全补丁。作为单位的系统管理技术人员，还可以采取关闭该勒索软件使用的端口和网络服务等措施。

WannaCry 主要利用了微软视窗系统的漏洞，以获得自动传播的能力，能够在数小时内感染一个系统内的全部电脑。勒索病毒被漏洞远程执行后，会从资源文件夹下释放一个压缩包，此压缩包会在内存中通过密码：WNcry@2ol7 解密并释放文件。这些文件包含了后续弹出勒索框的.exe 文件，桌面背景图片的.bmp 文件，包含各国语言的勒索字体，还有辅助攻击的两个.exe 文件。这些文件会释放到了本地目录，并设置为隐藏。

2. 电影《搜索》暴露大数据隐私危机

电影《搜索》主要讲的是网络道德问题和媒体在中国社会中的影响力。最后，因为一件微不足道的"不让座"事件导致各个主角的幸福支离破碎。

这部影片讨论的两个现实问题是社会公德与个人隐私的冲突，以及如何合理地限制媒体的权利。而造成这个问题的原因很大程度上是大数据的扩散速度过快和不受保护。

数据是否是隐私没有绝对标准，但厂商使用和用户相关的任何数据都应得到用户的授权。目前大数据对数据资产的集中化管控中缺少有力的安全威慑以及实时的监测机制。同时，数据的集中使得用户更易成为黑客攻击的目标（一次成功攻击可收获较多数据），内部威胁引起的数据泄露事件也十分频发。

3．大数据的机遇和挑战

大数据在成为竞争新焦点的同时，不仅带来了更多安全风险，也带来了新机遇。

1）大数据成为网络攻击的显著目标

在网络空间，大数据是更容易被发现的大目标。一方面，大数据意味着海量的数据，也意味着更复杂、更敏感的数据，这些数据会吸引更多的潜在攻击者；另一方面，数据的大量汇集，使得黑客成功攻击一次就能获得较多数据，无形中降低了黑客的进攻成本，增加了"收益率"。

2）大数据加大隐私泄露风险

大量数据的汇集不可避免地加大了用户隐私泄露的风险。一方面，数据集中存储增加了泄露风险，而这些数据也是人身安全的一部分；另一方面，一些敏感数据的所有权和使用权并没有被明确界定，很多基于大数据的分析都未考虑到其中涉及的个体隐私问题。

3）大数据威胁现有的存储和安防措施

大数据存储带来新的安全问题。数据大集中的后果是复杂多样的数据存储在一起，很可能会出现将某些生产数据放在经营数据存储位置的情况，致使企业安全管理不合规。大数据的数据量大小也影响到安全控制措施能否正确运行。安全防护手段的更新升级速度无法跟上数据量非线性增长的步伐，就会暴露大数据安全防护的漏洞。

4）大数据技术成为黑客的攻击手段

在企业用数据挖掘和数据分析等大数据技术获取商业价值的同时，黑客也在利用这些大数据技术向企业发起攻击。黑客会最大限度地收集更多有用信息，比如社交网络、邮件、微博、电子商务、电话和家庭住址等信息，大数据分析使黑客的攻击更加精准。此外，大数据也为黑客发起攻击提供了更多机会。黑客利用大数据发起僵尸网络攻击，可能会同时控制上百万台傀儡机一并发起攻击。

5）大数据成为高级可持续攻击的载体

传统的检测是基于单个时间点进行的基于威胁特征的实时匹配检测，而高级可持续攻击（APT）是一个实施过程，无法被实时检测。此外，大数据的价值低密度性，使得安全分析工具很难聚焦在价值点上，黑客可以将攻击隐藏在大数据中，给安全服务提供商的分析制造很大困难。黑客设置的任何一个会误导安全厂商目标信息提取和检索的攻击，都会导致安全监测偏离应有方向。

6）大数据技术为信息安全提供新支撑

当然，大数据也为信息安全的发展提供了新机遇。大数据正在为安全分析提供新的可能性，对于海量数据的分析有助于信息安全服务提供商更好地刻画网络异常行为，从而找出数据中的风险点。对实时安全和商务数据结合在一起的数据进行预防性分析，可识别钓鱼攻击，防止诈骗，阻止黑客入侵。网络攻击行为总会留下蛛丝马迹，这些痕迹都以数据的形式隐藏在大数据中，利用大数据技术整合计算和处理资源有助于更有针对性地应对信息安全威胁，找到攻击的源头。

4．大数据安全的定义

计算机系统安全：为数据处理系统建立和采用的技术、管理的安全保护，保护计算机硬件、软件和数据不因偶然和恶意的原因遭到破坏、更改和泄露。

计算机网络安全：通过采用各种技术和管理措施，使网络系统正常运行，从而确保网络数据的可用性、完整性和保密性。建立网络安全保护措施的目的是确保经过网络传输和交换的数据不会发生增加、修改、丢失和泄露等。

信息安全或数据安全有两方面的含义：

一是数据本身的安全，主要是指采用现代密码算法对数据进行主动保护，如数据保密、数据完整性、双向强身份认证等；

二是数据防护的安全，主要是采用现代信息存储手段对数据进行主动防护，如通过磁盘阵列、数据备份、异地容灾等手段保证数据的安全，数据安全是一种主动的包含措施，数据本身的安全必须基于可靠的加密算法与安全体系，主要是有对称算法与公开密钥密码体系两种。

5．数据处理安全与数据存储安全

数据处理安全是指如何有效避免数据在录入、处理、统计或打印中由于硬件故障、断电、死机、人为的误操作、程序缺陷、病毒或黑客等造成的数据库损坏或数据丢失现象，

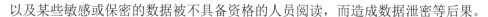

以及某些敏感或保密的数据被不具备资格的人员阅读，而造成数据泄密等后果。

数据存储安全是指数据库在系统运行之外的可读性。一旦数据库被盗，即使没有原来的系统程序，照样可以另外编写程序对盗取的数据库进行查看或修改。从这个角度说，不加密的数据库是不安全的，容易造成商业泄密，所以便衍生出数据防泄密这一概念，这就涉及到计算机网络通信的保密、安全及软件保护等问题。

6. 大数据安全需求

1）机密性

数据机密性是指数据不被非授权者、实体或进程利用或泄露的特性。为了保障大数据安全，数据常常被加密。常见的数据加密方法有公钥加密、私钥加密、代理重加密、广播加密、属性加密、同态加密等。然而，数据加密和解密会带来额外的计算开销。因此，理想的方式是使用尽可能小的计算开销带来可靠的数据机密性。

在大数据中，数据搜索是一个常用的操作，支持关键词搜索是大数据数据安全保护的一个重要方面。已有的支持搜索的加密只支持单关键字搜索，并且不支持搜索结果排序和模糊搜索。目前，这方面的研究集中在明文中的模糊搜索、支持排序的搜索和多关键字搜索等操作。如果是加密数据，用户需要把涉及到的数据密文发送回用户方解密之后再进行，这将严重降低效率。

2）完整性

数据完整性是指数据没有遭受以非授权方式的篡改或使用，以保证接收者收到的数据与发送者发送的数据完全一致，确保数据的真实性。在大数据存储中，云是不可信的。因此，用户需要对其数据的完整性进行验证。远程数据完整性验证是解决云中数据完整性检验的方法，其能够在不下载用户数据的情况下，仅仅根据数据标识和服务器数据的完整性进行验证。此外，在数据流处理中，完整性验证主要来源于用户对云服务提供商的不信任性。在这种情况下，确保数据处理结果的完整性也是至关重要的。

3）访问控制

在保障大数据安全时，必须防止非法用户对非授权的资源和数据的访问、使用、修改和删除等各种操作，以及细粒度的控制合法用户的访问权限。因此，对用户的访问行为进行有效验证是大数据安全保护的一个重要方面。

7. 数据安全重要性

随着数据发掘的不断深入和在各行业应用的不断推进，大数据安全的"脆弱性"逐渐凸显，国内外数据泄露事件频发，用户隐私受到极大挑战。在数据驱动环境下，网络攻击也更多地转向存储重要敏感信息的信息化系统，大数据安全防护俨然成为大数据应用发展的一项重要课题。虽然国内外的大数据平台厂商、大数据服务提供商和大数据内容提供商，以及传统信息安全厂商相继投入大数据安全产业，但是大数据安全产品较少，服务模式单一，大数据安全产业仍处于起步阶段。

在大数据时代，网络安全本身是一个动态调整的过程，没有一招制敌的方案。因此，在释放大数据潜能时，如何解决安全和信任问题成为了当务之急。那么，究竟该如何从国家的战略和技术的层面去防范？

首先是在思想层面引起高度重视，提高防患和信息安全意识，加大对网络安全设备和机制建设的投入。其次是在技术层面，必须加强安全技术自主知识产权研发，推动国内 IT 技术产业和网络安全行业的发展。再者是在法制层面，必须加强立法，并健全相关网络安全法律法规，严厉打击不法分子和黑色产业链。

除此之外，一个完整的大数据安全产业链，应该包括装备制造和服务体系，因此应从其核心硬件——芯片着手。信息安全作为国家战略问题，其硬件支撑就是核心芯片，可以说核心芯片及基础软件是构建自主可控的工业控制安全防护体系的基石。因此芯片的国产化，是我国实现工业控制系统国产化，保障信息安全的必经之路。

个人信息的收集和使用与个人的权益息息相关，数字经济能否持续健康发展，在很大程度上取决于能不能在开发和利用个人信息的同时做到趋利避害，如何实现两者的平衡是新时期个人信息保护的重要挑战之一。

众所周知，大数据时代，掌握数据就掌握了发展先机。人们对数据进行建模分析后，所带来的价值将会呈现出指数级增长。然而，与传统网络安全不同，大数据挖掘是对整个数据池中的所有相关的源数据进行关联分析，只要有一步错，则之后的步步皆错。

当前，网络空间面临的外部威胁和挑战越来越严峻，网络安全威胁呈现出"来源更加多样、手段更加复杂、对象更加广泛、后果更加严重"四大特征，传统互联网威胁向工控系统等扩散，智能技术应用安全问题日益凸现。大数据应用的新特点为企业带来了新的发展机遇，但同时也带来了新的挑战。

大数据安全难题几乎已成业内共识，如何突破大数据关键技术，如何运用大数据推动经济发展、完善社会治理，如何在推动大数据发展的同时确保信息安全等这些问题，在现在及未来长时间内都将会是世界各国和各行业普遍关注的热点问题。

14.2　数据安全平台的构成

大数据安全架构主要从六个方面考虑，包括物理安全、系统安全、网络安全、应用安全、数据安全和管理安全六个维度，如图 14-1 所示。物理安全强调物理硬件的国产化；系统安全强调操作系统的开源化；网络安全包括设备安全和部署安全两个层面上的内容；应用安全则重点考虑统一认证和分级授权，看该看的，访问该访问的则是一个基本原则；数据安全从数据存储、访问和传输三个方面保障，这也是一个重点；管理安全强调的是规章和规范。

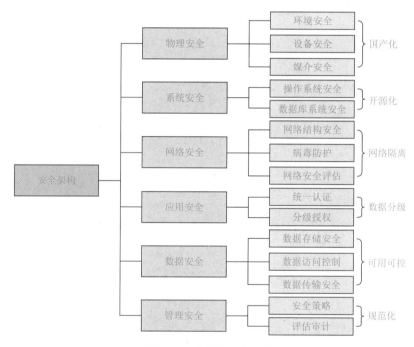

图 14-1　大数据安全架构

1. 数据安全策略

数据安全策略从技术和规则两个方面加以控制，大数据底层技术所不支持的安全机制，则需要集成其他技术框架进行解决。

网络空间的战斗和现实世界有很大的相似性，因此往往可以进行借鉴。美国空军有一套系统理论，非常有价值，值得深入思考并借鉴，它就是 OODA 周期模型：

观察（Observe）：实时了解网络中发生的事件，包括传统的被动检测方式：各种已知检测工具的报警，或者来自第三方的通报（如：用户或者国家部门）。但我们知道这些是远远不够的，还需要采用更积极的检测方式，即由事件响应团队基于已知行为模式、情报甚至于某种灵感,积极主动发现入侵事件。这种方式还有一个很炫的名字叫做狩猎。

定位(Orient):要根据相关的环境信息和其他情报,对以下问题进行分析:这是一个真实的攻击吗?是否成功?是否损害了其他资产?攻击者还进行了哪些活动?

决策(Decision):即确定应该做什么。包括缓解、清除、恢复,同时也可能包括选择请求第三方支持甚至反击。而反击往往涉及私自执法带来的风险,并且容易出错伤无辜,一般情况下不是好的选择。

行动(Action):能够根据决策,快速展开相应活动。

OODA 模型相较传统的事件响应六步曲,突出了定位和决策的过程,在现今攻击技术越来越高超、过程越来越复杂的形势下,无疑是必要的:针对发现的事件,我们采取怎样的行动,需要有足够的信息和充分的考量。

2.大数据安全分析

在整个模型中,观察(对应下文狩猎部分)、定位与决策(对应下文事件响应)属于安全分析的范畴,也是我们下面要讨论的内容即关于大数据分析平台支撑安全分析活动所需关键要素。

1)狩猎

近两年狩猎的概念在国际上比较流行,被认为是发现未知威胁比较有效的方式。如何做到在信息安全领域的狩猎,也是和威胁情报一样热门的话题。

和数据收集阶段一样,狩猎中也需要"以威胁为中心"的意识。我们需要了解现今攻击者的行为模式,需要开发有关潜在攻击者的情报(无论是自身研究或者第三方提供),同时狩猎团队也需要评估内部项目和资源,以确定哪些是最宝贵的,并假设攻击者要攻陷这些资源为前提进行追捕。

单纯地依赖这个原则,也许并不能真正拥有"visibility"的能力,我们还需要接受更多的挑战,包括传统基于攻击特征的思维方式必须改变,建立新的思维方式是成功的基础。

(1)从线索出发,而不是指标或签名:安全分析,注重相关性,然后再考虑确定性,这背后有其深层的原因。误报和漏报是一对不可完全调和的矛盾,虽然在个别方面存在例外(基于漏洞的签名往往准确率较高,同时也可以对抗很多逃逸措施,是检测从 IDS 时代走向 IPS 的关键技术前提)。在发现未知的旅途中,如果直接考虑确定性证据,会错失很多机会。

因此在狩猎的场景之下,安全分析员需要的是线索,线索只能代表相关性,而不是确定性，安全分析的过程需要将一连串的线索穿起来，由点及面进而逼近真相。例如：超长会话连接很难确定是攻击但和 CnC 往往有关联，一些分析人员就会选择它作为起点的线索。如果从这点出发、更多的线索出现了，连接的域名是最近新注册的，并且访问量很少，还有就是流量在 80 端口却不是标准的 HTTP 协议等，随着不断的发现，确定性在增加，最终通过进一步的方式我们可以确认攻击行为。

（2）换个角度看问题：寻找攻击相关的行为模式，可以变换多个角度，无须一直从最直接的方面着手。例如：在 CnC 检测上，我们可以采用威胁情报或者远控工具的流量特征这样直接的方法，但也可以考虑排查之前数据中没有出现过的新域名，或者某些域名对应 IP 快速变化的情况，甚至可以采用机器学习的方式来发现那些不一样的域名，这些都可能是有效的方法，可以在不同情况下分别或组合使用。

（3）白名单及行为基线：先定义什么是正常，由此来判断什么是不好的。业界某些厂商倡导的白环境或者软件白名单，都是这个思想的一种具体实践。在采用这个方法建立基线时，还是需要从威胁的角度出发，这样检测灵敏度较高并且发现异常后的指向性也较好。例如针对整体流量突变的监控，和专门对 ARP 流量（内部的 ARP 攻击有关）或 DNS 流量（防火墙一般不禁止，是数据外泄的通道之一）分别进行监控，有着完全不同的效果。

（4）统计概率：过去在讨论利用基线的方式发现异常时，经常被提出的问题是："如果学习期间，恶意行为正在发生，学习的基线价值何在呢？"这里如果了解一些统计概率方面的知识，就知道可以利用均值和标准差这种方式来解决问题。统计概率知识在安全分析中的作用很大，尤其是在机器学习和安全分析结合时。

水无常式，法无定则，在信息安全过程中狩猎也是如此，狩猎是一项充满挑战、极具难度的活动。这种认识无疑是正确的，幸运的是有了安全分析产品的存在，使其难度有了大幅度降低。

2）事件响应

事件响应不是新鲜事物，很早就存在了，但这并不意味着这方面的知识与技能已被正确掌握。即使在被动响应为主的时代，因为缺乏必要的安全分析，难以对事件进行定位并确定正确的响应活动，从而很多时候无法对已发现的攻击做到干净彻底地清除，更不要说进一步完善防御措施了。下面介绍一个行动前的分析过程。

（1）确认是否为误报：这是首先需要回答的问题。在这个行业，还不知道有什么办法可以消失误报，同时保证没有漏报。既然误报总是存在，并且在某些情况下可能比例还是比较高的，我们需要尽快区分误报和真实的报警。报警相关的上下文信息、PCAP 包等信息对识别误报非常有用。

（2）确认攻击是否奏效：很多攻击尝试都可能失败，特别是一些自动化工具不区分攻击目标的 OS、软件类型和版本等。此类报警数量往往会很多，以至于有些分析师会倾向于检测攻击链的下一步。但是有些时候我们无法完全避免，例如：针对 driven-by 下载或者水坑攻击的报警，分析师是需要了解浏览器是否真的访问、下载了恶意代码。这时需要结合上一阶段相似的上下文等信息来进行判断。

（3）确定是否损害了其他资产：如果确认攻击成功，那么必须划定事件的影响范围，即建立受影响资产清单，其中包括组织 IT 空间的任何事物：计算机、网络设备、用户账号、电子邮件地址、文件或者目录等任何攻击者希望攻击、控制或窃取的 IT 资产。例如：你发现攻击者可能从失陷的设备获得了一份用户名和密码的名单，我们就需要找到可能影响的主机，建立清单，进行排查。此资产清单是不断完善、变化的，在分析过程中可能有不断的删除或添加。

（4）确定攻击者的其他活动：在调查分析中，我们需要回答的不仅是去了哪儿，还需要了解何时做了何事。如果发现的是攻击后期的报警，那么这点就更为重要，我们需要了解从第一次漏洞利用尝试开始和攻击相关的所有警报，了解我们被渗入的脆弱点，确认失陷的资产。步骤 3、4 往往是交互进行的。

（5）确定如何应对这种攻击：事件响应策略是个非常大的话题，因为没有一个标准可以适合所有的情况，不同类型的事件需要不同的响应计划。即使一个管理良好的应急中心有一批提前准备好的应急响应计划，但事到临头往往还是要进行调整，这时采用模块化的方法也许是一个好的选择。从资深的 IR 人员了解到的信息，这个过程需要高度的技巧和经验，也许可以考虑找一个有这方面经验的顾问来帮助、指导。

这部分就是 OODA 周期中的定位、决策的过程了，如果不考虑狩猎这种积极的检测方式，它差不多就是安全分析师的全部工作了。

3）安全分析平台

很大程度上，一个组织检测和响应安全事件的能力取决于其工具的质量，一个好的安全分析平台有可能数十倍或百倍提高分析师的效率，但遗憾的是，业界满足其需要的产品还非常少，Splunk 和 Palantir 是相对比较完善的产品。

RSA 大会上有很多信息安全相关厂商出现，但是每个产品都是从某一场景的需求开始做起，距离完整的分析平台尚有一段距离。

大数据安全处理底层通用架构相关的问题有大数据如何存储、备份、索引、计算，如何保证架构的弹性扩展，如何处理非结构化数据等，如图 14-2 所示。根据各自需求，业界有很多架构设计，流行的如 HDP、ELK，也有一些比较小众处理架构。

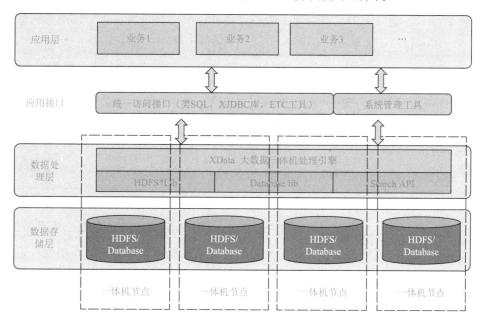

图 14-2　大数据安全底层通用架构

重点从业务层面提出满足分析师需要的关键特性。

（1）集成相对丰富的分析模型：狩猎需要基于已知攻击行为模式去查找线索，如果作为一个分析平台可以默认集成这样的模型，那么对于分析师来说，入门的成本将会极大的降低。如果模型足够丰富，则会超过一些资深分析师所掌握的技能，这无疑会成为平台最大的价值点。

（2）提供接口供用户自定义：这和阿里安全峰会上道哥提到非常一致，相信总会有人比我们聪明，因此我们需要给用户空间，让用户在使用中，可以继续丰富这些模型，或者能够形成更适合行业特点的分析方式，这就需要以开放的心态，和用户一起来共同完善分析能力。

（3）集成威胁情报功能：作为以威胁为中心的产品，这是应有之义。考虑到现今提供威胁情报的厂商，其关键性数据重叠性不高（参考 DBIR 2015[2]），就要求分析平台可以集中多个来源的情报数据，较好地支持 OpenIOC、STIX 等标准。

（4）利用数据挖掘降低员工工作量：数据挖掘可以帮助完成一部分人的工作，特别是当分析平台可以自动化识别很多线索的时候，那么数据挖掘就可以根据线索的特定组合判定一个事件，这是我看到它可以提供的一个重要价值点。根据弓峰敏博士去年 ISC 大会的演讲以及 Cyphort 的产品介绍推测，他们利用数据挖掘主要完成的也是这方面的工作。

这里特别想提出一个问题：数据挖掘的局限性在哪儿？Palantir 给出了自己的答案，可以作为一个参考。他们认为某些情况下数据挖掘能做到的只是将一个非常庞大的数据集缩小到一个较小而有意义的集合，让人来分析，因为以下情况机器算法并不适用：

The data comes from many disparate sources.

The data is incomplete and inconsistent.

You're looking for someone or something that doesn't want to be found，and that can adapt to avoid detection.

（5）针对工作流程，提供满足场景需要的设计：在安全分析过程中涉及诸多的场景，不同种类线索的观察分析，事件的确认、影响范围及关联攻击的分析等。是否能够支持分析师的工作方式，满足不同场景下对数据呈现、分享、交互的要求，也是必须考量的内容。

（6）可视化：可视化和数据驱动的分析是一对孪生兄弟，难以割裂，但现今很多可视化的尝试难以让人信服。

14.3　阿里巴巴大数据安全平台

阿里巴巴集团有上百个业务部门，每个部门都有自己数据的使用场景，每年有上千个内部数据使用的审核。实施数据安全管理规范，可以很好地管理内部人员对数据的使用权限，记录数据使用过程，在高效开展数据共享的同时保护用户隐私、防止数据泄露以及被滥用。

1. 数据安全能力成熟度模型（DSMM）

2017 年 5 月 27 日，2017 数博会"大数据安全产业实践高峰论坛"顺利召开，全国信息安全标准化技术委员会等部门协同各方着手制定了一套用于组织机构数据安全能力的评估标准——《大数据安全能力成熟度模型》，该标准是基于阿里巴巴提出的大数据安全成熟度模型（Data Security Maturity Model，DSMM）进行制订。

DSMM 旨在帮助各行业、组织机构基于统一标准来评估其数据安全能力，发现数据安全能力短板，查漏补缺，最终提升大数据产业整体安全管理水平和大数据产业竞争力，促进大数据产业及数字经济发展。

DSMM 是基于阿里多年数据安全实践经验提炼而成，根据 DSMM 不同维度和不同环节的细分，最终会评出五个安全管理能力等级。一级是最低等级为"非正式执行"，意味组织的数据安全工作来自于被动需求或随机展开，并未主动开展数据安全工作。三级是各个企业的基础目标。等级越高，代表被测评的企业组织机构数据安全管理能力越强。

大数据成熟度模型包含以下五个阶段。其示意图如图 14-3 所示。

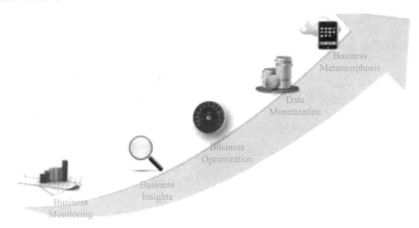

图 14-3 大数据成熟度模型

1）业务监测（Business Monitoring）

这是大数据的初级阶段，即传统的 DW/BI 阶段。在这个阶段，企业部署商业智能（BI）解决方案，用以监测现有业务的运行状况。

业务监测，有时也被称为业务绩效管理（Business Performance Management），指企业使用基本的分析手段，来预警业务运行低于或高于预期的情况，并自动发送相关警示信息给相应业务和管理人员。

在业务监测阶段，为了定位低于或高于经营预期的业务领域，企业多使用参照方法（同期比较、同类营销活动比较、同业标杆比较）或指标方法（品牌开发、客户满意度、产品绩效、财务分析）等。

2）业务洞察（Business Insights）

在业务洞察阶段，企业使用统计分析、预测分析及数据挖掘等手段，来达成重大的、显著的、有执行意义的业务洞察，并将业务洞察集成到现有业务流程中。

业务洞察意味着，系统不只是提供数据表格或图表，而是"智能"报表或"智能"仪表盘，因此业务应用能够比常规更进一步，可以做到提示重大的、相关的业务洞察。因此，业务洞察能够作出特定的、可执行的行动推荐，对特定业务领域提出相应改善业务绩效的行动建议。

有人把这个阶段称为"告诉我我需要知悉的"阶段。实用场景示例如下。

在营销领域：揭示某个营销活动或行动更有效果，给出产生更有效营销活动的费用推荐。

在制造领域：揭示某些生产设备正在超过上限或下限运行，给出问题设备维护保养优先级建议（如更换零备件）。

在客户支持领域：揭示选取金牌会员购买行为低于某一正常阈值的预警，给出向顾客发送折扣邮件的建议在大数据成熟度的业务优化阶段，企业有能力将分析技术嵌入到业务运营之中。

对很多企业来说，这将是它们日思夜想的目标：通过大数据分析助力业务运营，使业务活动自动进行不断优化和提升。

3）业务优化（Business Optimization）

业务优化的示例如下。

营销费用分配：基于实时营销战役或促销活动分析

企业资源计划：基于顾客购买历史和行为以及本地天气与事件

分销和采购优化：基于当前购买模式和未来模式预测、以及本地地理、天气和事件数据

产品定价：基于当前购买模式、采购水平、以及从社交媒体得到的产品兴趣洞察

算法优化：基于大数据模式优化金融系统的交易算法

4）数据盈利（Data Monetization）

在大数据成熟度的数据变现阶段，企业可以：

（1）将企业数据与大数据分析洞察打包，销售给其他企业。例如：智能手机应用可采集有关用户行为、产品性能、市场趋势等数据，提供相关的分析结果和洞察，并销售给营销者和制造商；

（2）将数据分析直接与产品集成，创造智能型产品；

（3）利用可操作的业务洞察与推荐技术，提升客户关系、着重客户体验。

5）业务重塑（Business Metamorphism）

业务重塑能力通过对客户使用模式、产品效能和总体市场分析，大数据企业将商业模式转换到新的市场。

从标准架构来看，企业数据安全会从数据采集、存储、传输、处理、交换和销毁六个数据生命周期，就企业组织建设、制度流程、技术工具和人员能力四个关键能力维度，不低于30多个安全域进行全方位考核评估，最终将组织机构的数据安全能力划分非正式执行、计划跟踪、充分定义、量化控制和持续优化，1级至5级的能力成熟等级，等级越高意味数据安全能力越强。只有具备了3级的数据安全能力，才意味这家企业或组织机构能针对数据安全风险进行全面有效控制。

2．阿里 110 上线

阿里安全聚焦在整个网络交易的安全链条，其本质就是如何更好地保护用户的网购和资金安全。除了炫酷的人脸识别、掌纹识别技术吸引人驻足之外，阿里钱盾和阿里 110 报案平台的功能引发了最多关注。

"你好，这里是阿里 110 受理中心……"面对近年多种多样的网络诈骗，阿里巴巴上线了阿里 110 在线报案平台。在阿里旗下所有平台遇到安全问题，都可以通过这个平台寻求帮助，如图 14-4 所示。

图 14-4　阿里安全中心平台

阿里 110 一站式举报区别于平日的淘宝客服投诉，消费者在淘宝平台上遇到恶意卖家或被骗取财物，发现账号异常或被盗，遇到信息泄露或钓鱼网站，都可以通过这个平台快速举报并保护账号安全。对于很多用户担心的遗失电子设备后的账号安全问题，或是在公众场合登陆过淘宝，也可以通过这个平台同时让所有设备账号下线，取消登录记录。举报受理之后的每一步处理情况用户都可以直接在后台查看，信息更加透明公开；涉及金额较大情节恶劣的案件，由"神盾局"工作人员直接向公安机关举报并立案，大大缩短了投诉处理流程。

3．聚焦移动端安全

报告显示，移动互联网病毒规模不断增长。移动安全在保护信息资产方面发挥着越来越重要的作用，无论是普通家庭还是企业用户都与移动安全息息相关。

对于企业与行业用户来说，一些开发并不完善的 APP 因为存在大量安全漏洞被攻击者利用而导致安全防范的门户洞开。就是阿里安全提供给与互联网相关的企业与行业用户的全套安全服务，包括漏洞的发现、修复、安全开发组件、安全运营等。

阿里聚安全，面向企业和开发者提供互联网业务安全解决方案，覆盖移动安全、数据风控、内容安全、实名认证等多个维度。阿里聚安全可为企业提供与淘宝、支付宝同级别的安全防护技术。阿里聚安全的数据风控产品具有高对抗性、低打扰率特点，不仅可以实时识别并阻止恶意行为，而且保证正常用户的行为不被打扰；除了大数据风控，阿里聚安全还提供包括移动安全、内容安全、实名认证等全方位的企业安全服务，帮助企业瓦解各种业务风险。

思　考　题

1．数据安全的定义是什么？
2．大数据安全需求的特点有哪些？

第 15 章　未来展望

15.1　大数据发展趋势

一直以来，我们都在不断改进数据处理工具。数据数量也在过去十年间爆炸式增长。那么大数据的未来还有创新的空间吗？未来还会给我们新颖的启示，还会令人瞠目吗？总结大数据会有以下四大发展趋势：

1. 趋势一：数据的资源化

何谓资源化，是指大数据成为企业和社会关注的重要战略资源，并已成为大家争相抢夺的新焦点。因而，企业必须要提前制定大数据营销战略计划，抢占市场先机。

2. 趋势二：与云计算的深度结合

大数据离不开云计算，云计算为大数据提供了弹性可拓展的基础设备，是产生大数据的平台之一。自 2013 年开始，大数据技术已开始和云计算技术紧密结合，预计未来两者关系将更为密切。除此之外，物联网、移动互联网等新兴计算形态，也将一齐助力大数据革命，让大数据营销发挥出更大的影响力。

3. 趋势三：科学理论的突破

随着大数据的快速发展，就像计算机和互联网一样，大数据很有可能是新一轮的技术革命。随之兴起的数据挖掘、机器学习和人工智能等相关技术，可能会改变数据世界里的很多算法和基础理论，实现科学技术上的突破。

4. 趋势四：数据科学和数据联盟的成立

未来，数据科学将成为一门专门的学科，被越来越多的人所认知。各大高校将设立专门的数据科学类专业，也会催生一批与之相关的新的就业岗位。与此同时，基于数据这个基础平台，也将建立起跨领域的数据共享平台，之后，数据共享将扩展到企业层面，并且成为未来产业的核心一环。

另外，大数据作为一种重要的战略资产，已经不同程度地渗透到每个行业领域和部门，其深度应用不仅有助于企业经营活动，还有利于推动国民经济发展。它对于推动信息产业创新、大数据存储管理挑战、改变经济社会管理面貌等方面也意义重大。

现在，通过数据的力量，用户希望掌握真正的便捷信息，从而让生活更有趣。对于企业来说，如何从海量数据中挖掘出可以有效利用的部分，并且用于品牌营销，才是企业制胜的法宝。

未来常见的数据处理任务将依靠于：

（1）机器学习；

（2）特性曲线图；

（3）自然语言处理；

（4）量子计算；

（5）跨公司客户数据交换。

15.2 贵州省大数据发展的趋势

贵州省在 2017 年印发了《贵州省数字经济发展规划（2017—2020 年）》（以下简称《规划》），成为全国首个发布的省级数字经济发展专项规划。

《规划》提出，把发展数字经济作为贵州省实施大数据战略行动、建设国家大数据（贵州）综合试验区的重要方向，作为贵州省转型发展的新引擎、服务社会民生的新途径、促进创业创新的新手段，加快发展资源型、技术型、融合型、服务型"四型"数字经济，构建数字流动新通道，释放数据资源新价值，激发实体经济新动能，培育数字应用新业态，拓展经济发展新空间，到 2020 年贵州省数字经济发展水平将显著提高，数字经济增加值占地区 GDP 的比重力争达到 30%以上。

下一步，贵州省将深度把握大数据发展的"窗口期"，推动经济社会又好又快发展，进一步抓好大数据核心技术创新，进一步推动新发展，加快建设"中国数谷"，不断提升民众共享大数据时代红利。为此，将不断汇聚国内外资源，推动重大项目和园区建设，加快建设国家大数据综合试验区、大数据产业发展集聚区、大数据产业技术创新试验区、大数据及网络安全试点示范城市，推动贵阳市建设成为大数据产业高度集聚、大数据与实体经济深度融合、大数据创新力度显著增强、大数据治理精准施策、大数据服务精准高效的"中国数谷"，在海量存储、数据共享交换、数据清洗加工、数据库研发、智能制造、数据铁笼、智慧物流、智慧交通、大数据安全产业、区块链技术及应用、人工智能等方面取得重大突破，形成一批大数据示范应用，建成全域块数据城市，成为全国大数据创新发展的策源地。

思　考　题

1. 大数据的发展趋势是什么？
2. 简述贵州大数据发展趋势。

反侵权盗版声明

电子工业出版社依法对本作品享有专有出版权。任何未经权利人书面许可，复制、销售或通过信息网络传播本作品的行为；歪曲、篡改、剽窃本作品的行为，均违反《中华人民共和国著作权法》，其行为人应承担相应的民事责任和行政责任，构成犯罪的，将被依法追究刑事责任。

为了维护市场秩序，保护权利人的合法权益，我社将依法查处和打击侵权盗版的单位和个人。欢迎社会各界人士积极举报侵权盗版行为，本社将奖励举报有功人员，并保证举报人的信息不被泄露。

举报电话：（010）88254396；（010）88258888

传　　真：（010）88254397

E-mail：　dbqq@phei.com.cn

通信地址：北京市万寿路 173 信箱

　　　　　电子工业出版社总编办公室

邮　　编：100036